U0165393

中華傳統拼布經典

Chinese traditional
patchwork classic

實踐「數位教育」
是迎接新時代教育的致勝關鍵

個人曾授命擔任實踐大學出版組主管一職，為了強化單位的功能，當時提出了一項業務，那就是如何在有限的人力與資源下，還能順利推動實質的出版。在面對這不小的自我挑戰，很慶幸的，透過私人的情誼找到一家合作的出版商，自2004年起一路下來，未曾間斷的為學校完成近90本專書的出版。就在推動專書出版的任務之時，以及加上個人長期擔任教職的經歷，自己十分確信，未來的教育模式，必定會走向數位化的時代，而大學教育的方式與目標，也必然會隨之而起，出現重大的變革。

就在2019年7月卸任行政職的前夕，向校方提出「數位教育出版」的構想，承蒙謝董事長、校長、圖資長的支持，以「數位教育出版辦公室」為基地，並忝以執行長的身份，為數位教育的理想進行推展。其實自己這項構想，多年之前就已經得到有著深厚友誼的「千華數位文化公司」王銘瑜總經理之認同，而該公司正是國內數位教育出版推動最頂尖的翹楚。就在雙方已有長期合作的默契下，於2019年8月正式展開這劃時代的合作案，共同為教育產業而努力。

本項「數位教育出版」專案計畫，深獲本校謝董事長的重視，擔任最高的總指導，在第一階段，規劃有三大專業學門，分別為「健康學苑」、「服裝學苑」、「中華拼布學苑」，除「服裝學苑」由本人充當召集人，另特別邀請葉至誠校長和鄒正中老師兩位，分別擔當「健康學苑」與「中華拼布學苑」的召集人，但盼借重兩位在該學門領域的權威與高度，聘請最拔尖的師資，規劃精彩又實用的系列性課程，並期許將課程從國內推向海外，拓展國際市場。

透過「千華數位文化公司」人力與財力的奧援，每一門課程教材都會一併出版紙本實體書與電子書，並將內容製作成生動的數位影音課程，於線上平台授課。而為了能有效落實學習者的學習，還規劃「線上討論平台」、「客製化彈性面授」等輔助式的學習機制來強化。最終，結合學習證書與認證的授與，讓學習者取得學習上的認可與成就。

受到國內少子化的衝擊，加上新冠病毒全球的肆虐，讓國內大學教育面臨史上最大的衝擊。然而這被看成是「最壞的時代」，卻也是「最好的時代」。會認為是「壞」，因為沒準備，仍舊以過往的思維在思考；會認為是「好」，因為能掌握大時代的脈絡，順其勢而揚起，讓時勢造就出新一代的英雄。

數年前國內第一波「翻轉教育」喊出了國內教育的新思維，而如今這個思維也牽動到大學端，在教學模式上跟著滾動，讓我們清楚看到「封閉式的大學教育將走入歷史；大學教育的場域不能再深居飄渺的象牙塔內；大學教育的受業者不該只限縮在具學籍的學生身上」。這些勢在必行的調整與轉變，提醒了大學教育的工作者，教育的模式與視野一定要能更宏觀，而善於經營更精湛的「數位教育」，將是讓我們迎接最好時代來臨的一項優勢。

實踐大學數位教育出版辦公室 執行長

葉立誠

2020.08

召集人序

由於對民間美術的愛好，海峽兩岸自1987年開通後，隔年我就前往西南少數民族地區，進行民間美術的蒐集，之後又擴及黃河流域的上下游，蒐集品類涵蓋了織、繡、印、染、剪紙、年畫、皮影、畫像石拓片……等。

大約二十年前因緣際會，接觸了歐美及日本的拼布藝術，於是又將「拼布」作為我的重點蒐集項目之一，日積月累逐漸豐富，以拼布為主的藏品現已超過500件，我從這些藏品中分析了各民族及其支系的不同特色，挑選了最具有代表性的「西南少數民族拼布」作為原點，其中又以廣西壯族地區的百衲被最具有代表性，因為她們運用誇張、變形、打散重組的手法，將所有的圖紋「拼布化」，發揮了「布」的原始精神，並自創「出神入化貼花」的傳統技法，且圖案變化豐富，藝術性強，故先後出版了《百衲被─廣西壯族拼布藝術》與《拼布被─西南少數民族拼布》兩本相關的拼布教材，而這本新書《中華傳統拼布經典》綜合介紹了其他民族不同風格、各顯神通的拼布藝術，這三本書涵蓋了中華民族較為重要的拼布遺存，它們是廣大民間藝人千百年來的智慧結晶。

我們不但傳承更要創新，我們正在逐步將不同民族各自的特色精華（構圖、配色、技法、材料等）與現代的各種新材料再加上我們訂做的專用材料，進行巧妙的融合。目前莊玥老師已開始多項實驗，並有很好的成效，也克服了作品平整、尖角製作、線條流暢等重要問題，發展出一套改良式拼布流程，只要掌握了竅門，要創作出好的拼布藝術，其實不難。例如莊玥老師已將壯族傳統的拼布造型，結合苗、侗族喜用的材料（辮帶、釘線、薄如蟬翼的絲綢、手織土布等），運用「辮繡」、「縐繡」、「雙層堆繡」、「左右交叉繞

圈排列繡」、以及自創的「麻花辮」技法，交互運用創作出多種表現手法且具個人風格的創新作品。

世界上所有的「生物」都是「曲線」造型，生物肢體的自然舞動也必然是曲線，而我們所見的「直線」造型必定是「沒有生命」的。同樣的「拼布」也是如此，中西方傳統拼布的表現方式大異其趣，前者為曲線思維重「技巧」，藝術性強；後者為直線思維重「技術」，工藝性強。

「傳統中式風格拼布」主紋多為具象或半抽象，講究的是心靈手巧，並以曲線構圖，「韻律感」極強，可隨個人喜好千變萬化，作品表現的就是旺盛的生命力與人格特質；並且文化內涵豐富，通過借喻、比擬、雙關、諧音、象徵等手法，創造出圖紋與吉祥寓意完美結合的藝術形式。「傳統西式風格拼布」主紋多為幾何形，常見直線構圖並搭配輔助工具，並且還有許多遊戲規則，限制了其可變性，這應該是受到西方工業化的影響；為了增加整幅作品的變化，雖然加入了輔助紋「自由曲線」，但其主紋本質上還是沒有生命力的直線，作品常見類似元素的量化（複製、擴散、四方連續）與機械式操作。

就中西方哲學體系而言，可用兩個簡單的象徵符號來對比：

太極圖：曲線／生生不息／易經
十字架：直線／死亡交叉／聖經

在世界拼布史上抄襲者永遠沒有話語權，中華民族必須走出有特色的拼布之道，一個擁有五千年歷史的民族，自己的拼布藝術堪稱世界拼布之最，為何還要不遠千里向西方取經？我們應該向民間藝人學習，拼布可以展現個人才藝，同時美化生活，在精不在多，而非為了比賽得獎或消磨時間甚至炫耀財富，既然投入了寶貴的生命，

就應做出自己真正滿意的特色作品，將來年歲大了，可以留下美好的回憶，還可作為傳家之寶呢！

因緣巧合，我與實踐大學數位教育出版辦公室葉立誠執行長相識二十載，去歲經他引薦千華數位文化與商鼎數位出版王銘瑜總經理，由於她的熱心支持和製作團隊的投入，我們已組成了堅強的陣容，正在進行「中式風格拼布」教材規劃與線上授課的錄製，並將進行多平台的教學推廣，為復興中華民族優秀的傳統文化而努力。

「中華拼布學苑」是其中的重要一環，就是希望對「中式風格拼布」真正有興趣的朋友，大家齊聚一堂，相互學習，無私分享，共同成長，同時莊玥老師也願將她的研究心得傾囊相授。「中式風格拼布」也是一種趣味的「拼色」或「拼圖」遊戲，沒有遊戲規則，創意空間無限，歡迎有志於「中華拼布學苑」種子師資的朋友們主動與我們連繫，大家也可在群組中相互切磋。未來我們還要成立「中式風格拼布研究會」，不定期的聚會，觀摩前人的智慧結晶，作為創新的養分，更深入探討中式風格拼布的無限可能。「中式風格拼布認證系統」已在建構中，初期的課程規劃為三個階段：「手縫探花班」、「手縫榜眼班」、「手縫狀元班」，未來還會再陸續增設其他相應的課程，對於有實力與特色風格的師資，我們也會請他開設個人講堂及出版專書，並推向海外華人市場。

實踐大學數位教育出版
「中華拼布學苑」召集人

鄒正中
2020.08

目次

作者序

中華傳統拼布藝術分佈於56個民族之中，在歷史的長河中，逐步發展出各自的特色，自然就產生了多元的拼布風格。每一種風格都是某一個民族或其支系，她們的祖先歷經數百年甚至千年的智慧結晶，是集體意識的傳統文化，而非個人創作。中華傳統拼布的技法不但精彩多變，還有一些獨步全球的特殊技法，令人激賞，堪稱世界拼布之最。例如廣西省·南丹縣壯族拼布被上，韻律感極強的「出神入化貼花」技法。雲南省·文山州壯族揹兒帶上，天衣無縫的「立體曲線拼接」技法。貴州省·黔西縣苗族裙背花與揹兒帶上，高難度的「以纏針鑲邊的貼花」技法和「以馬尾毛釘線繡密實鑲邊的挖補繡」技法。貴州省·獨山縣布依族揹兒帶上，極富藝術性的「雲套雲堆繡」技法。此外「拼布」與「刺繡」的結合以及可自由組合的各種「鑲邊技法」都是「中華傳統拼布」的亮點。

在我的藏品中，以拼布為主的藏品，已超過五百件，其中又以西南少數民族的生活用品為大宗，內容有百衲被、揹兒帶、肚兜、圍涎……等，但願能將這些精美的拼布藝術品，有系統的逐一介紹給廣大的愛好者，同時建立中華傳統拼布藝術基因庫，將它們發揚光大。 在所有的傳統女紅中，最精彩多變，令人激賞的是揹兒帶，本書收錄以拼布為主的揹兒帶、揹帶心與包被共計118件精品。

我的兩本拼布教材《百衲被—廣西壯族拼布藝術》與《拼布被—西南少數民族拼布》先後於去年與前年出版，並獲得了海峽兩岸的熱烈迴響，意外的是除了拼布愛好者，還有許多

其他專業的老師如藝術家、服裝設計、平面設計、文化創意和民藝愛好者和剪紙藝人等也都有濃厚的興趣。這兩本書的內容是介紹西南少數民族各種風格的拼布被，特別邀請了兩位專家共同參與本書的製作，其中王棉老師負責《百衲被》一書「出神入化貼花技法」的製作工序；莊玥老師負責兩本書「線描稿」的電腦繪圖與傳統拼布的創新範例。

為了讓拼布愛好者能深度探討中華傳統拼布的奧妙，故再出版本書《中華傳統拼布經典》，將我近三十年來蒐藏的更多民族不同風格的拼布，挑選其中的精品，讓大家一窺中華傳統拼布之美，同時也將他們的文化內涵以民間美術考古的方式進行深入剖析，因為各類民間美術的文化內涵都是相通的，希望對於研究其他民間美術的專業人士，也可起到借鑒作用。

本書的出版要衷心感謝實踐大學數位教育出版辦公室葉立誠執行長的友情引薦，以及千華數位文化與商鼎數位出版王銘瑜總經理的熱心支持和製作團隊的投入，除了紙本書，還有電子書及數位課程。我們還要特別感謝西安美院郭慶豐老師、華興文化事業吳碧雲總經理、浙江省拼布協會執行會長與浙江民藝拼布博物館負責人楊鉄剛、台中科技大學卓欣穎老師和孫鳳美女士所提供的精美圖片，讓本書更臻完善。

圖騰帝國 鄒正中

2020.08

Chapter 1

中華傳統拼布的
原始信仰、特色與
生活美學

一、 民間美術中的原始信仰

民間美術與巫文化

1. 萬物有靈

在遠古時代，人類不懂得大自然為什麼會有日月星辰、風雨雷電、生老病死，面對這些困惑，人類自然會產生「萬物有靈」的思想，因而相信「有神論」，「巫文化」就是人們對萬物有靈崇拜時期的文化通稱。而最早的巫文化就是盲目的崇拜所謂的「自然靈」，這就是文化人類學中所稱的「自然靈崇拜」。

「萬物有靈」觀念，認為萬物都像人一樣是有感覺、有意志、有思維的生命體，將萬物人格化。因此天上的日、月、星辰、雷電，地上的花草、樹木、鳥、虎、牛……，以及水中的魚、蝦、蟹……等，在原始先民的思維中，都被人格化了。這些自然物和人一樣具有靈魂，也有喜怒哀樂和七情六慾，還有自己的社會活動，並與人類共處；敬天奉神尊鬼也就成了原始先民安家立命的根本觀念，這個觀念的核心即為「靈魂不滅」。

2. 巫字本義

古代文學家對「工」字的解釋，上下兩橫分別代表天地，巫則是兩個人在其中。今人根據甲骨文和金文，認為巫字「象兩玉交錯形。古代巫師以玉為靈物，以交錯的玉形代表巫祝的巫。」因此，巫字的字形與舞形、玉器有關，在上古時，沒有貶意。

大祝是古代地位很尊貴的神職官員（巫師），「祝」字生動地表現了祝在祭祀祈神活動中手舞足蹈的動態。舞與巫同源，《說文解字》云：「巫，祝也，女能事無形，以舞降神者也。象人兩袖舞形。」

（禽鼎）　　　（禽簠）

西周「禽鼎」與「禽簠」銘文所載之「祝」

魯迅先生在《中國小說史略》中提到：「中國本信巫。」巫術心理和巫術活動對中華文化、宗教和中華審美的形成，都產生了極大的影響。

3. 巫師的職能

巫師是原始社會精神文明的領袖、最高知識的代表。原始部落或部落聯盟中都有巫師，巫師是部落或聯盟的教主即精神領袖，有的部落酋長本身就兼任巫師，集君權和神權於一身，這種巫教文化到奴隸社會仍然被繼承下來。如商朝就是巫師治國，巫史都代表鬼神發言，指導國家政治和國王行動。

巫偏重鬼神，史偏重人事。巫能歌舞音樂與醫治疾病，代鬼神發言主要用筮法。史能記人事、觀天象與熟悉舊典，代鬼神發言主要用卜（龜）法。國王事無大小，都得請鬼神指導。中國古代文化，包括文學、音樂、藝術、醫藥、文字、天文、歷法、歷史等學科，在商朝都奠定了基礎，這個文化的代表人主要是巫和史。

先秦時代的人進行重大活動時都要進行占卜，並同時舉行隆重的儀式。占卜的方法是在選定的龜甲或獸骨上，按一定規則鑽出圓窩，並在其旁鑿刻出凹槽，經過燒灼，甲骨背面就會出現各種裂紋。專職的貞人（亦稱卜人）根據裂紋判定吉凶，並把判斷和應驗的結果刻在甲骨上。由於它是占卜的紀錄，所以稱為卜辭；又由於它是用利器鐫刻在龜甲、獸骨上的，所以又稱甲骨文。由此可知「甲骨文」的出現，是為了記錄巫師占卜時對於龜甲或獸骨上「裂紋」的吉凶判定。

4.「民間美術」與「文人藝術」

「巫文化」是中華傳統文化的源頭，同時也是孕育傳統美術的母體。巫文化中巫術的功能性與巫覡的神聖性分別衍生出了傳統美術的兩條精神之鏈——「民間美術」的「吉祥觀念」與「文人藝術」的「神聖傳統」。

兩者就其哲學體系來說，均屬中華民族天人合一與物我合一的認識論，以及陰陽觀與生生不息的宇宙本體論，是同一哲學體系。但民間美術是傳承中華民族幾千年來的原生態哲學，直接的表現在他們的生活中；而文人藝術則是以這種哲學觀，表達藝術家個人的情感。

「吉祥觀念」即是對吉祥的嚮往，對生命、生存的關懷，這是「俚俗文化」的精神內核；「神聖傳統」即是對道的求索，對精神世界的永恆追求，這是「菁英文化」的精神內核；二者所形成的文化張力即是傳統文化得以世代傳承的永恆動力。

5.民間藝人「巫紋化」的原始動機

在古人看來，自然物象的神話到「紋化」的表達之間，存在著某種對應關係。也就是說，通過由表像互滲關聯的「紋化」現象，可以判斷出表像的神秘內涵，並由此引發了人們對紋樣的崇拜，而對紋樣的迷信崇拜心理和特殊的觀念情感，則是裝飾紋樣發生的真正動機。

所以對於「民間美術」而言，絕不是我們肉眼所看到的「美」。原始宗教和巫術觀念的思維模式，使得民間藝人相信「紋化」之後的器物被附加了神聖性，成了一種象徵，並具有了生命力。民間藝人認為這些「吉祥紋樣」，是各種「精靈」的化身，具有超自然的神力，可以為自己趨吉避凶，帶來幸福美滿的生活；所以她們都會以虔誠之心，用自己的巧手製作出各種民間美術生活用品。甚至臨終之時，還要穿上一套本民族的盛裝，才能認祖歸宗回到祖先居住的地方。

雲氣紋

《〈說文解字〉部首訂》：「氣之形與雲同。但析言之，則山川初出者為氣，升於天者為雲」合觀之，則氣乃雲之散漫，雲乃氣之濃斂。可見，在古人的觀念中，「雲」與「氣」質為一體，義本一貫。

《莊子・知北游》：「人之生，氣之聚也，聚則為生，散則為死。……故曰：『通天下一氣耳。』」一氣即陰陽、太極、道、性，整個宇宙皆成之於生命元氣的流行變化和凝聚交融。故王夫之概言：「天人之蘊，一氣而已！」

中華傳統拼布圖案中層出不窮的雲紋、旋紋、樹枝紋、水波紋、蝶鬚紋、龍鬚紋、魚鬚紋，以及深受中國人喜愛的龍、鳳、瑞獸、陰陽魚太極圖或花葉圖案，其結構、形態，也都或隱或顯地透著輕揚舒卷、飛動飄逸的雲意氣韻。此種婉轉多變的雲紋構圖手法，正是與「氣化流行，生生不息」之「氣論哲學」相對應的生命運動之美。中華民族對「雲」情有獨鍾，且賦之以非同尋常的深邃眼光，將自然之雲昇華為人文意義；在中國人的心目中，舒卷飄逸的雲紋乃是生機、靈性、精神以及祥瑞或福祉的載體和象徵，甚至具有超凡的神力。即如《抱朴子》所謂：「氣可以禳天災」，「氣可以禁鬼神」。

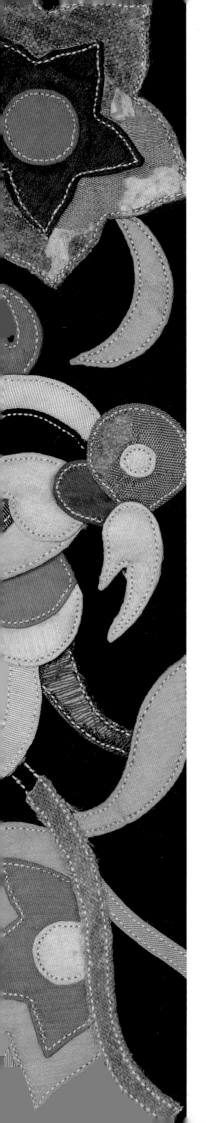

生命之樹（花）

在中國，從春秋戰國到秦漢時代出現了很多關於古代神話傳說的文獻，其代表為《山海經》、《淮南子》等。在這些文獻中多次記載「扶桑」、「若木」、「建木」、「社樹」……等具有神性的樹木，被描述為與太陽、神靈信仰有關，並可貫通天地的「世界樹」。

生命意識與繁衍意識是人類的基本意識，它形成了人類各民族本源哲學的基礎。中華民族的「陰陽相合，化生萬物」正是基於這一人類的基本意識。生命之樹就是人類「生者長壽、逝者永生」生命意識的觀物取象。樹木寒來暑往的生命之樹崇拜和太陽周而復始的太陽崇拜兩者結合，就是中國古史傳說中「日出扶桑，日落若木」的「太陽神樹」，樹上的花是植物的生殖器，也是太陽的象徵，又稱「太陽花」。通天、通地、通神的建木，是上帝或神仙往來天地之間的「天梯」。中華民族的「中華」就是一棵立於宇宙中心的萬古長青生命之樹（花）。

桑樹即為中國古史傳說中「扶桑」的原型。商族特別崇拜桑樹叢生的山林，認為其中蘊藏著一種非常有威力的神靈，他們把這種神靈直接稱為「桑林」。商王朝的開創者湯曾向桑林禱告求雨，商朝的大型樂舞也叫「桑林」，那本是祭祀桑林之神時使用的樂舞。

中國西南地區少數民族英雄射日神話中的馬桑樹亦為「扶桑」的原型，馬桑樹被視為通天的太陽神樹，有生育哺乳、祈雨、天梯的功能。

西南少數民族的民間美術用品出現大量的生命之樹（花）圖紋，這些生命之樹少數單獨存在，大多數則與各種動物、花卉與瓜果結合，象徵「生命崇拜」與「生殖崇拜」。

中國古史中的「太陽家族」

1. 太陽崇拜

中國古代對太陽崇拜的典禮是非常隆重的，最早的文字資料殷墟卜辭中就有許多「入日」、「出日」的祭日記載。早上要舉行迎日儀式，晚上要舉行送日儀式。據漢文古籍記載，我國古代的太陽神有炎帝、太昊、東君等。

古人對太陽的崇拜非常普遍，與太陽有關的符號經常出現在各地考古材料中。比如：黃河流域上游與中游的辛店文化和仰韶文化出土的彩陶，以及青海、廣西、江蘇、內蒙古等地，遠古時代遺留下來的岩畫，都有太陽形圖案或符號。說明在原始社會各地先民普遍的自然崇拜中，太陽崇拜是主流。

古蜀人崇拜太陽的宗教情結，卻是其它任何地方、任何民族所不能比擬的。三星堆遺址出土了許多與太陽有關的考古材料，包括「太陽形器」、「太陽神樹」以及有著太陽形圖案或符號的青銅「神殿」(或「神壇」)、銅掛飾、邊璋、人面鳥身像等文物，都說明在三星堆文化中，古蜀人也是崇拜太陽的。其中青銅「太陽神樹」更與《山海經》等文獻記載的「十日神話」、「金烏負日」等神話傳說相印證，都是三星堆文化中「太陽崇拜」和「太陽神崇拜」等自然崇拜的直接有力證據。

貴州 · 三都 布依
床圍（局部）

四位一體的「太陽家族」，太陽樹兩側有一對鳥穿花。

2. 太陽鳥崇拜

據大量考古發現表明，中國的「太陽鳥」崇拜大約產生於距今八千年前的農耕文明初期，在一些陶器、玉器或骨器上，多見將太陽與神鳥融為一體的太陽神鳥紋。浙江河姆渡出土有「雙鳥朝陽」、「雙鳥負日」等飾紋。在其他新石器時代遺址中，我們也經常能見到「太陽鳥」飾紋，大都是太陽與鳥的組合，或在太陽中繪刻鳥紋，或在鳥身上繪刻太陽紋。直至周代以後，中原與漢族地區「太陽鳥」的主導地位才逐漸為「龍紋」所取代。但在中國稻作民族地區，尤其是西南少數民族地區，仍然是「太陽鳥」的天下。

「太陽鳥」又被古人稱作「金烏」、「陽鳥」、「鸞鳥」、「鳳鳥」等，並最終演變為鳳圖騰。商民族是「玄鳥生商」（《詩經》），自然也是鸞鳳圖騰。在受楚文化影響深遠的南方地區，陽鳥（鸞鳳）更是至真、至美的神靈，屈原在《離騷》中即自稱是「天帝太陽神的苗裔」、「火神祝融的子孫」。《山海經·大荒東經》更有「一日方至，一日方出，皆載於烏」的記載。

三國時吳國人徐整《三五曆記》：「天地混沌如雞子，盤古生其中。」原始先民相信宇宙最初來自一個雞蛋，鳥卵又與太陽同為圓形，自然也成為太陽的象徵。

3. 太陽樹崇拜

在中國，從春秋戰國到秦漢時代出現了很多關於古代神話傳說的文獻，其代表為《山海經》、《淮南子》等；在這些文獻中多次記載「扶桑」、「若木」與「建木」等具有神性的樹木。扶桑在大地的東極，「扶桑者，大木也，日之所居」；若木在大地的西極，「灰野之山，有樹青葉赤華，名曰若木，日所入處」。《淮南子·地形訓》：「建木在都廣，眾帝所自上下。」眾帝，指的就是眾神。建木被作為「天梯」，連接天地溝通人神，神靈以此降世，巫師借此登天。

這些樹都與太陽、神靈信仰有關，太陽「東出扶桑、日中建木、西歸若木」的傳說，是源自人們觀測日出和日落以定時間的日常活動，觀日者住地的高大樹木是測日定時的常用參照物，扶桑、建木和若木就是人們觀測和解釋太陽東升西落的運動現象時，用來參照和定位太陽升上落下樹梢的太陽樹。

目前學術界有兩種不同的看法，有的認為扶桑與若木是兩棵樹，也有的將兩者合而為一，認為是同一棵樹。

1986年四川廣漢三星堆文化遺址出土了青銅神樹，其形象吻合了太陽「東出扶桑、日中建木、西歸若木」的傳說，證明了《山海經》中扶桑、若木、建木三大神木的真實性。

4. 太陽花崇拜

中國古代有一個原始民族，稱為「華胥氏」，居住於華山腳下。這裡是仰韶文化彩陶的發源地，花瓣紋是仰韶文化彩陶的主要紋飾，以黑色為主，兼用紅色，形似綻放的花朵。這種「花卉」彩陶，可能就是「華族」得名的由來；他們自認為處於天地的中心，故曰「中華」。《說文解字》稱：「開花，謂之華」，又說：「五色為之夏。」《爾雅·釋草》云：「木謂之華，草謂之榮」，意為「樹木長得美麗叫華，百草長得美麗叫榮」。

甲骨文中目前還找不到「花」字，只有「華」字，「華」字即「花」字，是由一朵盛開花朵的象形字演變而來。植物之華（花）與太陽之華（花）是人類從大自然中「觀物取象」的一種抽象觀念，華族「花崇拜」的核心就是「太陽崇拜」。花是太陽的象徵，又稱「太陽花」。

貴州 · 望謨 布依
絮染床單
四位一體的「太陽家族」，雙鳥穿花，花的上方還有貫錢太陽花。

5. 四位一體的「太陽家族」

扶桑與若木為十日所居，日出扶桑，日落若木；建木是上帝或神仙往來天地之間的「天梯」。此三棵神樹是人們觀測和解釋太陽東升西落的運動現象時，用來參照和定位太陽東升西落樹梢的「太陽樹」。

先民認為「太陽」是憑藉鳥的飛翔神力，由東向西飛行，所以鳥就是太陽的象徵，又稱「太陽鳥」；后羿射日（鳥）的神話，在漢代畫像石中就經常出現。花是植物的生殖器，也常用來象徵太陽，又稱為「太陽花」。太陽、太陽樹、太陽鳥與太陽花崇拜為四位一體的「太陽家族」信仰；這四者在「民間美術」中經常以不同的組合方式出現。

在保存古老文化較多的近代西南少數民族的民間美術中，常見一棵太陽樹上盛開一朵碩大的太陽花，周圍還有太陽鳥，甚至有些還同時出現象徵東升西落的太陽和太陽鳥各一對，充份的說明了四位一體的「太陽家族」。

貴州・三穗 苗
肚兜頂端

四位一體的「太陽家族」，中央太陽花兩側為象徵東升西落的太陽和太陽鳥各一對。

如何解讀民間美術中的「太陽家族」

1.「太陽」象徵「宇宙卵」

俗話說：「萬物生長靠太陽」。太陽在人類生活中是如此的重要，以致人們一直對它頂禮膜拜，中華民族的先民把自己的祖先炎帝尊為太陽神。在天文學中，太陽的符號「☉」和我們的象形字「日」十分相似，它象徵著「宇宙之卵」。

說到盤古創世神話包含的「宇宙卵」母題，我們很容易聯想到中國古代占統治地位的太極陰陽宇宙觀。因為易經太極圖的形狀，正是一個「宇宙卵」。太極圖以圓圈代表天象和宇宙，圓圈內畫著兩條陰陽魚，白色的魚象徵著陽性，動態，代表天；黑色的魚象徵陰性，靜態，代表地。二魚形狀一致，頭尾相接形成妙合而凝的狀態。古人用太極解釋宇宙萬物生成和變化的道理，近人稱太極為「宇宙模式圖」。故「太極」一詞，實際上是中國古代稱呼原始宇宙的代名詞。

《易經》的卜辭裡說：「易有太極，是生兩儀，兩儀生四象，四象生八卦」。所謂「易」就是變化，而這種變化之始，開始於太極。太極生陰陽，陰陽生四時，四時生八卦；日月運行，一寒一暑，乾道成男，坤道成女。自然萬物皆來自陰陽兩種力量的運動與變化，而陰陽則包含於太極這個「宇宙卵」中。

三國時吳國人徐整在《三五曆記》中記載的盤古：

天地混沌如雞子，盤古生其中。萬八千歲，天地開闢，陽清為天，陰濁為地。盤古在其中，一日九變，神如天，聖如地。天高一丈，地厚一丈，盤古日長一丈。如此萬八千歲，天數極高，地數極深，盤古極長。後乃有三皇。起數於一，立於三，成於五，盛於七，處於九，故天去地九萬里。

這個雞子就是一個宇宙卵，宇宙卵宛如人類的子宮，孕育了人也孕育了神。

2. 雙鳥朝陽、雙龍戲珠、雙獅戲球、雙魚戲珠

(1)雙鳥朝陽

《荀子•禮治》云：「天地合而萬物生，陰陽交而變化起。」從宇宙生成論看，宇宙中的陰陽兩氣相交，陽氣凝聚成太陽，鳥又是太陽之精，因為鳥在天上飛行，所以鳥又是靈魂的象徵。把鳥視為自己的祖先，就認為自己是鳥化生出來的，又因為鳥是卵生的，能孵化出新的生命，所以鳥與卵都有生命與生殖的涵義。

漢代人崇拜陰陽相配而誕生人類的對偶之神，所以，伏羲、女媧作為人類的祖先便經常以對偶的形式出現在漢畫像中。雌雄相配的雙鳥朝「陽」，實際上也是雙鳥戲「卵」，是生殖崇拜的象徵。

(2)雙龍戲珠

龍珠從何而來呢？龍為什麼要戲珠呢？我們知道，「珠」是水中某些軟體動物，在一定的外界條件刺激下，其貝殼內分泌並形成的圓形顆粒，因其有亮麗的光澤而被人們所喜愛，所以被稱作珍珠。既然水中的動物能生出珠來，作為水族之長的龍，自然也應與珠搭配，這該是龍珠神話產生的一個基本概念。

對於古人而言，「卵」的象徵意義是重大的，卵是生命之源，卵與珠都為圓形，將卵取代「珠」，龍珠就是龍卵；雌雄相配的雙龍戲「珠」，實際上也是雙龍戲「卵」。

太陽，是我們對「珠」的另一種解釋。我們見到的一些龍戲珠圖案，尤其是雙龍戲珠，其珠多有火焰升騰，分明是一枚「火珠」或「火球」；因為古人認知的四方神為：東方青龍，西方白虎，南方朱雀，北方玄武；其中龍是代表東方的神物，而太陽是從東方升起的，龍戲珠就具有太陽崇拜的象徵意義了。

(3)雙獅戲球

獅子在吉祥圖案中經常出現，在宮廷、苑囿的大門前左右各立一獅，有銅獅也有石獅，雄獅居左，腳踏繡球，雌獅居右，足撫小獅。前者象徵權利統一寰宇，後者象徵子嗣昌盛。

繡球一般由彩繡做成，是中國民間常見的吉祥物。在中國古代，有些地方有一個風俗，當姑娘到了婚嫁之時，就預定於某一天（這一天一般是正月十五或八月十五）讓求婚者集中在繡樓之下，姑娘拋出一個繡球，誰得到這個繡球，誰就可以成為這個姑娘的丈夫。當然，姑娘一般會看準意中人，把繡球拋到他身上，以便他撿到。在很多地方，抬新娘的花轎頂上要結一個繡球，意圖吉慶瑞祥。

廣西最早有文獻記載的繡球，內包豆、粟、棉花籽或穀物等農作物的種子，這除了使繡球有一定的重量便於拋擲外，更深層的意義是——繡球為「吉祥之物」。因為壯族是傳統的稻作民族，他們對每年農作物豐收與否十分關心，因而在各種祭祀、祈年的儀式中，農作物的種子及播種、耕種等生產勞動形式往往都是表現的主題。「拋繡球」都是在每年春節及「三月三」歌節時舉行，正是春播時節，繡球內填放有穀物種子，就是希望年內「五穀豐登」；同時，繡球作為青年男女的定情之物，種子喻示著「生育興旺」之意。由此可知「繡球」還具有「卵」的內涵；雌雄相配的雙獅戲「球」，實際上也是雙獅戲「卵」。

(4)雙魚戲珠

是用兩條魚、寶珠和浪花相組合，「珠」是財富的象徵，浪花比喻財源滾滾來，此圖多為商家置於店堂，有生意興隆，得利豐厚之寓意。

魚在古代是一個重要的圖騰。聞一多在他的〈說魚〉一文中寫道：「魚在中國具有生殖繁盛的祝福含義」因為魚卵多生殖力強。圓形的「珠」也是「卵」的象徵。雌雄相配的雙魚戲「珠」，實際上也是雙魚戲「卵」。

以上四者成雙成對的動物，都源自中國古代的太極陰陽宇宙觀，並常出現《易經》卜辭所說的「易有太極，是生兩儀，兩儀生四象，四象生八卦」。

致於中央的「太極」模擬圖就是「宇宙卵」的象徵，亦是盤古神話中的「雞子」，常以太陽（花）或象徵「天圓地方」的「貫錢」來模擬；四者也經常以不同的組合方式同時出現，表達的是古人對生生不息的生命現象的認識和發揮。

3.「鳥」象徵「男陽」與「人的靈魂」

「鳥」字是一個象形字，最早出自三千多年前的甲骨文。甲骨文是商族人所創造的文字，商族人原本就是崇尚鳥信仰的民族。《詩經‧商頌‧玄鳥》：「天命玄鳥，降而生商，宅殷土芒芒。」這個故事的主題意在說明商族的來歷。簡狄吞食鳥蛋，生下了商高祖「契」，敘述了商族是從「玄鳥」而來。這傳說將「玄鳥」做為生殖器的象徵，鳥直到現在都是「男陽」的別名，卵是「睪丸」的別名。《水滸傳》稱男性生殖器為「鳥」，民間也有此習俗。

中國典籍中有許多關於靈魂鳥與引魂鳥的傳說。靈魂鳥是民間信仰中，人死後靈魂所化的鳥。崔豹《古今注》說，楚懷王死後，就「化而為鳥，名（曰）楚魂」。故楚人招魂，備有一種供「魂鳥」蹲棲的「秦篝」。蔣驥《山帶閣注楚辭》：「篝，竹籠，以棲魂者。」古蜀帝杜宇死後，靈魂化作杜鵑鳥。左思《蜀都賦》所謂「鳥生杜宇之魄」。

死者靈魂的「鳥化」（或「化鳥」），就使得殯葬喪儀中有了相應引導靈魂升天或招魂作用的「引魂鳥」。《三國志‧魏書‧東夷傳》說並辰人「以大鳥羽送死，其意欲使魂氣飛揚」。《吳越春秋‧闔閭內傳》寫吳王小女下葬，陵墓之前「舞白鶴」，鶴成了靈魂之導引。當然，引魂鳥中以鳳凰最尊。《楚辭‧大招》：「魂乎歸徠，鳳凰翔只。」《太平御覽》卷五五二引《漢官儀》，記陰太后死後的喪車為「鳳皇車」，《漢書‧揚雄傳》：「……於是乘輿迺登夫鳳皇兮翳華芝……。」顏師古注：「鳳皇者，車以鳳皇為飾也。」，都含有鳳凰引魂的潛蘊。

中國考古學發現，充分地印證了文獻典籍中靈魂鳥、引魂鳥的存在，它的蹤跡遍及吳楚以及西南地區。中國西南少數民族地區的民間美術中出現大量的鳥紋，卻少見人紋，因為對他們而言，「鳥」象徵「人的靈魂」。

4.「花」象徵「女陰」與「人的靈魂」

農業社會人類的生存與植物息息相關，由於受到中國傳統哲學「天人合一」觀念的影響，人們喜將植物「擬人化」。從植物的開花結果，生生不息的自然現象，他們觀物取象，以植物的生殖器模擬人類的生殖器，故在民間美術中經常出現「花生人」或「果生人」的生殖崇拜圖紋，尤其是在中國南方的「花園文化圈」。

在中國南方的許多民族中，至今還保留了濃郁的「花靈崇拜」。他們將「花」視為人的生命之源，人的靈魂就是「花魂」。「花」是植物的「生殖器官」，常被人們用來形容女子的美麗，其實它是「女陰」的象徵；「花靈崇拜」也經常與「生殖崇拜」融為一體。屈原《九歌》最後的《禮魂》一章，內容就是「傳芭兮代舞」，迎奉花魂。

南方地區的花崇拜信仰可以追溯到北方的華胥國，他們一部分人南遷到南方地區，與百越族融合，成為百越的一支族群，也是潮汕人、壯、侗、布依、仫佬、毛南等民族的先民。《南越筆記》記載：「越人祈子，必於花王父母，有祝辭云：白花男，紅花女。故婚夕親戚皆往送花，蓋取《詩》「花如桃李」之義。」

潮汕有句俗語「十五成丁，十六成人」，潮汕人認為小孩在十五歲以前，其靈魂一直生活在花園裡，並由花神保佑，人們稱為「花婆」或「花公花婆」，小孩出生時要在床上或者床下安其神位。所以，花神有了另外的稱呼「床腳婆」。小孩到了十五歲（虛歲）才走出花園，長大成人；這時要舉行一個特別的成人禮儀式「出花園」，把小孩「牽出花園」，並把神位移走。潮汕人還認為人去世後，其靈魂會化為蝴蝶，在某天會飛回家看望親人；這可能是古越人蝴蝶崇拜的遺存。然而出花園並非潮汕所特有，在南方其他地方也有所分佈。

> 花開花落漫同論，
> 雨露栽培在本根，
> 預卜春風紅杏好，
> 一枝今已出花園。
>
> ——清・溫應廣《南澳竹枝詞・出花園》

閩南一帶十六歲孩子要隆重舉辦十六歲生日，也有的稱為「牽出花園」或「出花園」，習俗和潮汕類似。在福建莆田市湄洲島，男子在十五歲時要「出花園」，習俗和潮州及澄海接近。男孩子用十二種鮮花洗浴，希望在一年十二個月裡生命如花；紅肚兜裡裝著十二顆桂圓和兩枚「順治」銅錢，希望孩子大富大貴。

在廣西壯族傳說中，「姆六甲」是花神，也稱「花婆」。她屋後是一座花園，人都是從這裡的花轉世。壯族婦女生下孩子，就要在床頭牆邊立一個花婆神位，再由外婆去插上一支野外採來的花枝，床頭的花婆神位便是孩子的守護神。孩子十六歲成人禮時要做「出花園門」儀式，宴請親戚朋友，之後才可移走花婆神位。

廣西毛南族則有「求花還願」的習俗，毛南族認為，花神住在花山上，人的靈魂是花山裡的花，花神保佑著花山裡的花，掌管著轉世輪迴。一旦人有了孩子便要舉行儺舞等儀式還願，有的求子也要向花神許願。

湖南、貴州的少數民族中也有類似的信仰。在壯、侗、布依、仫佬、毛南族中尤為流行，傳說人的祖先住在美麗的花林中，這座花林由四位花林女神看管。世上的人都是花林中的神花，只有經過女神同意，女人才會懷孕。湖南常德地區的土家族和漢族，兒童在滿三、六、九歲時候，要請巫師為小孩「渡花樹關」。

5. 鳥穿花（太陽花、瓜果）

「鳥穿花（太陽花、瓜果）」與「鳳戲牡丹」的內涵是一致的，只是表現的手法不同，前者為花與鳥二合為一，後者則為花鳥分離。但目前有許多的專業書籍，都將「鳳戲牡丹」誤解為「鳳穿牡丹」。

「鳥穿花（太陽花、瓜果）」圖紋與漢畫像石中常出現的「金烏負日」，一隻鳥揹著一輪太陽在空中飛行，兩者有異曲同工之妙。我們知道鳥是「男陽」的象徵，花是「太陽」和「女陰」的象徵，花會結果，瓜果類（常見桃子、石榴、佛手）多有瓜瓞綿綿或吉祥的內涵；用「花」或「瓜果」取代了「金烏負日」的「太陽」，「鳥穿花（太陽花、瓜果）」表現的就是生殖崇拜的符號。

在筆者的西南少數民族民間美術藏品中，出現了大量的「鳥穿花（太陽花、瓜果）」圖紋，變化萬千，且內容豐富；不像漢族地區的「鳳穿牡丹」大同小異，內容單調，且數量極少，多為「鳳戲牡丹」而非「鳳穿牡丹」。所以筆者認為漢族地區的「鳳穿牡丹」，應取自西南少數民族，只是將「鳥」與「花（太陽花、瓜果）」以漢族最喜愛的百鳥之王「鳳凰」與花王「牡丹」來取代。

二、中華傳統拼布的特色

文化內涵

中華民族的傳統哲學：天人合一的宇宙觀、陰陽變化學說和生生不息的精神，是中華民間美術的核心思想。

中華傳統拼布的主要文化內涵多來自遠古文明、神話傳說、歷史典故、戲曲故事等，圖紋常見主題可概括為神話、繁衍、祈福、辟邪等。每個民族都有自己的族源神話，因此圖騰崇拜的母題也常出現在各民族的拼布中。而原始人類最基本的群體意識一是生存，二是繁衍，因此最常見的就是生命崇拜與生殖崇拜的內容。尤其是西南少數民族，往往一件揹兒帶上同時包含了多種文化內涵，可說是中華民間美術中圖紋最精彩且文化內涵最豐富的歷史文物，因為它和傳宗接代有關，象徵著嬰兒與母親之間的臍帶，所以本書中所收錄的藏品自然就以西南少數民族的揹兒帶為大宗。

圖紋的造形與整體構成

民間美術的圖紋喜用誇張、變形、簡化、對稱、互滲、抽象等手法來表現，並與傳統文化結合，加入了象徵、隱喻、諧音的表現方式，創造出圖紋與吉祥寓意完美結合的美術形式。

《易經》的卜辭裡說：「易有太極，是生兩儀，兩儀生四象，四象生八卦」，經常以不同的表現方式出現在各種民間美術作品中，圖紋的造形與整體構成常見對稱（兩儀）、四角對稱或田字格（四象）、八角對稱或米字格（八卦），以及五方（五行學說）和由此而衍生的九宮格（書法家的九宮格概念）。

「天圓地方」的哲學思想，也常被運用於民間美術，方中見圓，圓裡藏方，尤其是貫錢紋與四方連續的繡球花。

此外，「拼布」與「刺繡」的結合以及可自由組合的各種「鑲邊技法」都是中華傳統拼布的亮點。

韻律感

中國人在藝術創作和形式上，特別強調「行雲流水」的「生動」效果，如林語堂便認為一切藝術的問題都是「韻律」問題。所以，要弄懂中國的藝術，我們必須從中國人的韻律和藝術靈感的來源談起。有趣的是，這種對韻律理想的崇拜首先是在中國書法藝術中發展起來的。

學習書法藝術，實則學習形式與韻律的理論，由此可見書法在中國藝術中的重要地位。我們甚至可以說，書法提供給了中華民族以基本的美學，中華民族就是通過書法才學會線條和形體的基本概念的。

書法代表了韻律和構造最為抽象的原則，它與繪畫的關係，恰如純數學與工程學或天文學，即理論與應用的關係。在絕對自由的藝術天地裡，各式各樣的韻律與結構都能得以具體且多元的呈現在世人面前，如線條上的剛勁、流暢、蘊蓄、精微、迅捷、優雅、雄壯、粗獷、謹嚴或灑脫，形式上的和諧、勻稱、對比、平衡、長短、緊密，有時甚至是懶懶散散或參差不齊的美。這樣，書法藝術給美學欣賞提供了一整套術語，我們可以把這些術語所代表的觀念看作中華民族美學觀念的基礎。

中國書法的美在動在不靜，由於它表達了一種動態的美，正是這些韻律、形態、範圍等基本概念給予了中華民族藝術的各種門類，以基本的精神體系。

瞭解以上的美學觀念，對於拼布創作的線條與構圖必會有所幫助。「中華傳統拼布」的主紋幾乎都是「曲線」，「韻律感」極強，並且沒有遊戲規則，可隨個人喜好千變萬化，作品表現的就是旺盛的生命力。而「西方傳統拼布」的主紋則是以「直線」為主，並且還有許多遊戲規則，限制了其可變性，這應該是受到西方工業化的影響。

色彩

古人認為和諧的色彩搭配是取之於「五行」的相生關係，同時又維持了色彩的強度平衡；對色彩的審美是基於相信色彩與人的運勢，心理及生理健康有著緊密的關聯，並不只是單純的「好看」

五行色彩理論是建立在五行學說的基礎上。五行學說始於周代，它總結前人對自然規律的認識和對世界萬物的起源，將萬物的多樣性統一概括，是最古老的色彩哲學理論，它代表了中華民族的宇宙時空觀念。五行說的金、木、水、火、土對應的色彩是：金為白、木為青、水為黑、火為赤、土為黃；對應的五行方位是木為東、火為南、金為西、水為北、土為中央，即五方。這五種色相與早期生活實踐中的趨吉避凶相聯繫，因而紅、黃、青、白、黑五色便被古人視為吉利、祥瑞的「正色」。由於對五行色的崇拜，歷朝歷代都有各自崇尚的正朔與服色，並且後一朝代的崇尚之色必定按五行說的相剋原理而定。

三、中華傳統拼布的歷史與生活美學

古代女子有四德，即「婦德」、「婦言」、「婦容」、「婦功」。其中婦功指擅紡織刺繡等事，為勤學勤練的一種技能。刺繡為婦功的主要內容，也稱為「針黹」、「針繡」，是古代閨閣女子的必修功課。從刺繡針 是否均勻乾淨，就可以大致判斷出刺繡者的性格是否文靜。古時閨閣女子多親手繡製嫁衣及其他隨嫁物品，也同時在向夫家展示自己的女紅技藝，證明自己具備賢淑勤勞的品德。

成書於清道光元年的丁佩《繡譜》是中國流傳至今最早的一部刺繡專著，此書側重討論刺繡於「藝」的一面，於「技」則所涉不多，理論性較強，而對具體操作則未加多言。之後沈壽《雪宦繡譜》凝聚了刺繡技藝的精華，並擔負了傳承這種精華的重任，這也是中國工藝美術史上第一部刺繡理論與實務操作相結合的專著。此書由張謇整理，詳細敘述了刺繡的工具、工序、針法、繡要、繡者需注意的事項和應有的態度、書法繪畫與刺繡的關係等問題，層次分明，內容全面，並在《針法》一卷中闡述了「剪貼繡」的製作技巧：

剪貼繡又稱「補花針繡」，具有立體的浮雕感。它是以圖案所需質感、色彩選取面料，將面料剪成花形或其他形狀，黏貼於底料上，組成圖紋後，用繡花線施扣鎖針[1]將花型釘固。剪貼繡多以花卉、動物等單純圖紋為主，風格色彩明快，造型豐滿，具有觀賞性。

中國已出土的拼布遺物，目前已可追溯至春秋戰國時期的拼布套頭連衣裙，出土於新疆且末縣紮滾魯克一號墓地，距今已兩千多年。這件拼布連衣裙，拼接技巧嫻熟，配色協調，應該不會是中華民族最早的拼布遺物。

---

1 扣鎖針的針法是把針拉出繡地後，將線繞針一圈，再緊貼底布拉緊，以此類推。

百衲衣與百衲被

在中華民族的傳統裡，一般將拼布稱為「百衲」，「衲」有用密針縫綴的意思，也稱做「百納」。百衲並非一定要用一百片布片縫綴起來，只是說明布片之多，也可說是形容針線細密，縫的精緻。

中國早期農業社會，物資缺乏，當家中有小孩過滿月時，親朋好友都會送來一片如手掌大的布，由小孩的母親將這些零碎布頭縫綴起來，然後給小孩做成衣服或被子。用這種拼布做成的衣服稱為「百衲衣」，被子則稱為「百衲被」，希望這個小孩穿多家布做成的衣服、蓋多家布做成的被子長大，將來成長過程平安順利，性格不嬌貴更能長命百歲。

在中國被子還有一種特殊的含義，「被子」諧音「輩子」，是姑娘重要的嫁妝；女兒遠嫁他鄉，前程莫問，至少母親縫製的被子能依存溫暖，使之不受冷落。

現今，廣西南丹、天峨……等地的壯族婦女，仍喜歡用百衲方式製作婚嫁用的被面、揹兒帶、童衣、童帽等。

水田衣

水田衣（也稱「百衲衣」），本是用來形容僧人外披的袈裟，因其用若干塊長方形布片連綴而成，宛如水田的邊界，故名。最初佛陀規定弟子的衣服要用從民間化緣得來的無用布片拼縫起來，然後進行染色，梵語音譯稱為「袈裟」，意為「不正、壞、濁、染、雜」等等。因此，「百衲」便和佛教有了不解之緣。唐代，唐彥謙《西明寺威公盆池新稻》詩：「得地又生金象界，結根仍對水田衣。」明代楊慎《升菴集·水田衣》：「水田衣：袈裟名。水田衣又名稻畦帔，……又名逍遙服、又名無塵衣。」清代錢大昕《十駕齋養新錄·水田衣》：「釋子以袈裟為水田衣。」

但是隨著佛教文化與中原文化的逐漸融合，人們不僅對袈裟習以為常，還模仿此種拼布的方式給自己做衣服。清代翟灝著《通俗編·服飾》中寫道：「王維詩：『乞飯從香積，裁衣學水田。』按，時俗婦女以各色帛寸翦間雜，紩以為衣，亦謂之水田衣。」《紅樓夢》第三十六回中記述到：「……芳官滿口嚷熱，只穿著一件玉色紅青酡絨三色緞子斗的水田小夾襖……」這裡的「水田小夾襖」就是使用玉色（淺綠）、紅青（深青泛紅的顏色）和酡絨（深橙紅色）三種顏色的緞料拼接而成的。

揹兒帶

「揹兒帶」與「包被」古代合稱「繈褓」，「繈褓」就是揹負嬰兒用的寬帶和包裹嬰兒的被子，後來以此借指未滿周歲的嬰兒。剛出生不久的小孩較不容易適應外界的溫度變化，細皮嫩肉的也容易受傷害，為了安全還是需要包裹起來。繈褓的作用就是把嬰兒包裹起來，給他溫暖，讓他舒服。

《論語・子路》：
「夫如是，則四方之民繈負其子而至矣。」

《史記・蒙恬列傳》：
「昔周成王初立，未離繈褓。」

《漢書・宣帝紀》：
「曾孫雖在繈褓，猶坐收繫郡邸獄。」

《後漢書・桓榮傳》：
「昔成王幼小，越在繈褓。」

從以上與「繈褓」有關的歷史記載中我們可以知道，上古時期中原地區揹負小孩的育兒形式是比較普遍的，而今並不常見。但在西南少數民族地區的苗、侗、壯、布依、彝、瑤……等少數民族中，與「繈褓」有關的習俗和文化卻很完整的被保留著。

母愛，是藝術表現的永恆母題，而揹兒帶就是母親或外婆用慈愛的心靈，透過巧手創造出來的偉大傑作，被喻為「背上的搖籃」。揹兒帶孕育著孩子，培養著孩子和母親之間深厚的情感；孩子自從出生後，脫離了母體對他的保護，而揹兒帶的設計就是母親與孩子之間臍帶的延續。

「圖必有意，意必吉祥」，這種中華傳統文化在一幅幅精美的揹兒帶上有著完美的體現。繈褓中稚嫩的生命需要保護，慈母帶著祝福，將各種紋飾一針一線融入揹兒帶；揹兒帶上訴說著不同民族的各種神話傳說，以及各種繁衍、祈福、辟邪的精靈或文字，還有附加的香囊、銅鏡、銀飾……等，以「巫術」的方式與神靈相通，護佑著孩子們，祈禱孩子能健康成長，魂魄不會丟失，以及對子孫繁衍的期許。

肚兜

因為迴避和隱諱的緣由，古代習慣上稱內衣為「褻衣」，是指貼身的內衣或者指家居所穿的便服。褻的意思是輕薄、不莊重，由此可以看出古人對於內衣的態度。肚兜不過是古代內衣（褻衣）的其中一種稱呼，在不同時期，褻衣有「抱腹」、「心衣」、「袔襠」、「訶子」、「抹胸」、「合歡襟」、「主腰」、「肚兜」等幾種。

關於肚兜，淵源久遠，其來源可追溯到天地混沌初開之時。女媧和伏羲兄妹二人在漫天洪水以後通婚，生兒育女，創造了人類最初的服飾——肚兜，目的是用來遮掩人體之羞。

在中國北方，人從呱呱墜地起，第一件護身衣服就是肚兜；孩童時代，舅家每年要給他送肚兜；結婚大禮，媳婦要給男人送肚兜；壽至耄耋，要穿的貼身衣服也是肚兜；最後離開人世，葬俗中還是講究要給死者戴上肚兜。這一古老的民間「服飾」之特殊意義，不是任何其他服飾所能比擬的，其形狀正是「蛙」的肢體自然展開，它是女媧氏留給後裔的第一件服飾。

端午節在陝西關中俗稱「女兒節」，其實就是「女媧節」。這個節日屬於華夏族母親的節日，在這一帶，端午節這一天有穿「蟾蜍花裏肚」的習俗。人們也用蛤蟆娃娃來稱呼女娃，表示女媧創造生命後一代代的延續，更重要的是希望女娃們有著同女媧一樣強大的生育能力。

漢族的肚兜多為「菱形」，西南少數民族地區的肚兜則以各種變形的「鐘形」為多，其次為變形的「菱形」與「葫蘆形」，造型變化多端，與漢族大異其趣。

圍涎

圍涎，又稱「圍嘴」、「口圍」、「涎衣」、「小雲肩」等，是圍套在小兒前襟上部，避免口水或食物沾汙外層衣服的一種配飾。兒童圍涎最早可以追溯至漢代。西漢揚雄《方言校箋》卷四提及「繄袼」一詞，晉代郭璞標註：「即小兒涎衣也。」清代學者郝懿行在《證俗文》卷二中提到「涎衣，今俗謂之圍嘴」，「其狀如繡領，裁帛六、七片，合縫，施於頸上，其端綴紐，小兒流涎，轉濕移乾」，此處將兒童圍涎的製作和用途清晰地描述了出來。還有一種小兒用的「圍涎肚兜」，是將圍涎與肚兜兩者的造型與功能合而為一，較為少見。

在傳統服飾文化研究領域，很多學者將兒童圍涎與女性雲肩歸為一類，被稱為小雲肩，是由於二者的外形，如形制、裝飾手法等有許多相似之處。

因為是嬰幼兒用品，圍涎多為母親或親人親手縫製，所以它的圖案造型都有著美好的寓意，並希望藉此保佑小孩逢凶化吉、健康成長、永保安康。其中虎形結構的圍涎最受人們的喜愛，老虎作為百獸之王，象徵著權力和精神，民間還有這樣的說法：「摸摸虎頭，吃穿不愁；摸摸虎嘴，驅邪避鬼；摸摸虎身，步步高升；摸摸虎背，榮華富貴；摸摸虎尾，十全十美。」所以人們在圍涎上裝飾虎形圖案，一方面是希望借老虎的威嚴來保護孩子健康成長；另一方面希望孩子能長得像老虎一樣威風凜凜、身強體壯、少生病。此外也常見獅子圖案的圍涎，「獅」與太師之「師」諧音，因而被寄予官運亨通、飛黃騰達之意。

除動物外，有吉祥寓意的植物也是人們喜歡的紋樣，如桃子表達「福壽」的涵義，即希望子孫多福多壽。「瓜」為圓形，又多籽，故象徵著家庭的多子，寓意子孫昌盛。蓮花因其碩大豔麗，清香遠溢，且上有並頭蓮，下有並根藕，喻示「夫妻和睦」、「繁榮興旺」、「家庭美滿」。

Chapter 2

—

中華傳統拼布的
各種技法

一、拼接

依照設計好的圖案，先將布料裁剪成若干布塊，再將布塊拼合的一種手法。因為拼布的接縫直接關係到整個圖案的構圖，故在圖案設計時就要同時考慮到未來拼接的效果，或巧妙的運用花紋將它隱藏。布塊上亦可加入各種繡紋，但要考慮到拼合後的整體效果。

「拼接」的盛裝飄帶裙

貴州省‧凱里市‧南花村跳錦雞舞的苗族姑娘，領頭者右手模擬錦雞，左手持長條型飄帶錦雞尾，舞蹈時可環形飄展。

貴州省‧雷山縣‧大塘鄉‧新橋村跳錦雞舞的短裙苗姑娘。

貴州省 · 雷山縣 · 大塘鄉 · 新橋村手持牛角酒杯在迎賓的短裙苗姑娘,盛裝滿飾銀片貼花。

陝西・大荔 漢
老虎圍涎
老虎為百獸之王，父母希望藉老虎的威嚴來
保護孩子健康成長、少生病。

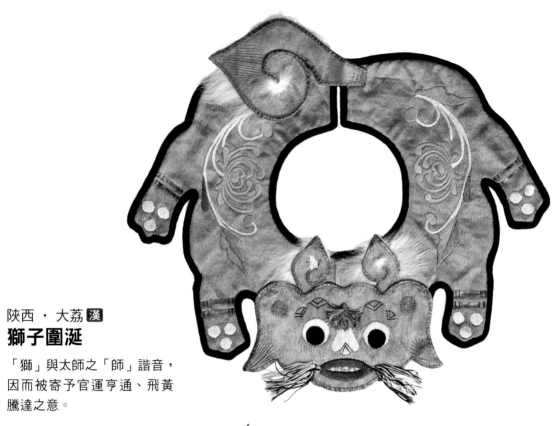

陝西 ‧ 大荔 漢
獅子圍涎

「獅」與太師之「師」諧音，
因而被寄予官運亨通、飛黃
騰達之意。

陝西 ‧ 大荔 漢
蓮生貴子圍涎

「抓髻娃娃」的變體，是中華
民族的保護神和繁衍之神。

陝西 · 洛川 漢
娃娃魚遮裙帶

遮裙帶是遮裙兩根腰帶在
身後接扣的部件。

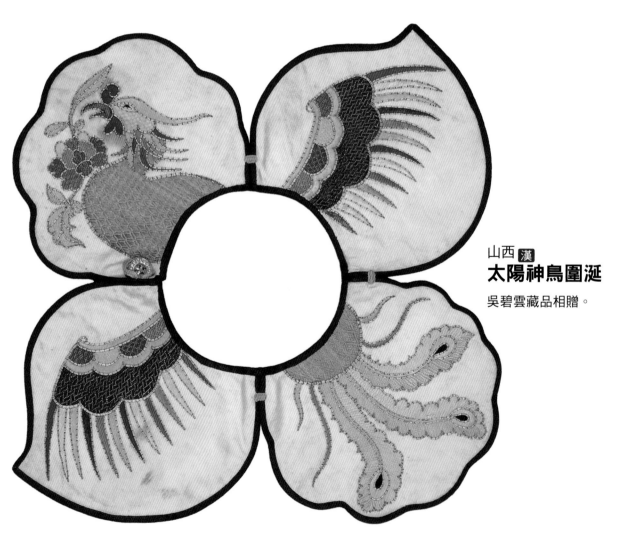

山西 漢
太陽神鳥圍涎

吳碧雲藏品相贈。

中心圓為「太陽神鳥」。

廣西 ・ 三江 侗

太陽神鳥揹兒帶蓋帕

「天圓地方」結構，用 42 塊繡片
拼接而成。

中央「蝶形太陽花」的左側為水瓶
生命樹，右側為飛鳥。

雙鳥朝陽（蝶形太陽花）。

貴州 · 荔波 布依
蜂巢揹兒帶
主體用 21 塊繡片拼接而成。

中央蜂巢內為「魚鑽涼亭」。

二、 貼花

又稱貼布繡，將事先裁剪好的布花貼於繡地，再將邊緣固定。布花表面可加入各種繡紋，亦可內襯羊毛、棉花、布頭等。布花邊緣有多種固定針法，如立針、回針、釘線繡等。

在各種拼布技法中，「貼花」的應用最為廣泛，表現方式也最多樣，故我們另闢Chapter 3「各顯神通的民族貼花」以民族來區分不同風格的貼花，此處則介紹一些貼花的不同表現手法。

貴州省 · 黎平縣 · 雙江鄉 · 四寨村在唱侗族大歌的盛裝女童。
其盛裝的圍腰是「刺繡貼花」。

雲南・文山州 壯
對鳥生命之樹揹帶心

貼花 (有鋪棉)

山西 漢
蓮花如意紋童風帽（反面）
貼花（無鋪棉）

貴州 · 平塘 毛南
蝴蝶紋揹帶心
中央蝶身內為「太陽鳥」，用 12 塊繡片拼接而成的
一隻大蝴蝶，為「打散重組」之構圖。

廣西 · 三江 侗

九個太陽揹兒帶蓋帕

用 9 個圓形與 2 個三角形繡片組合而成的對稱
圖案，為「散點組合」之構圖。

貴州 ・ 貴定 苗
幾何花草紋童肚兜
在蠟染圖案上加入貼花與刺繡。製作工序為先
「蠟染」，再加「刺繡」與「貼花」。

貴州 · 黃平 僮

幾何花草紋衣袖

四方連續的菱形挑花與蠟染貼花相互交錯。製作工序為
先在藍染底布的上、下各加一條蠟染花邊，其次在底布
上加繡菱形「挑花」，最後填入菱形「蠟染貼花」。

三、 挖補繡

依照設計好的圖案,用剪刀將繡地挖空,再於下方襯上整塊或多塊不同色布。
圖案邊緣有多種縫合針法,如平繡、短直針、釘線繡等。被挖空處,亦可再加
入貼花,以豐富其裝飾效果。

雲南 · 元陽彝族婦女在市集上出售「花繫腰」半成品。

雲南 · 元陽彝族婦女身著「花繫腰」盛裝在趕集。

雲南 · 元陽 彝
瓜啑綿綿花繫腰（尾端）

市集上出售的挖補繡「花繫腰」半成品。

雲南 · 元陽 彝
瓜啑綿綿花繫腰（尾端）

在挖補繡的鏤空周圍用金箔加刺繡鎖邊。

雲南 · 文山 布依
花鳥蝶魚紋包被
四角的蝶紋為挖補繡。

蝶紋用黑絨布鏤空後，以金箔鑲邊。

上方橫幅為四組「八鳥繞日」。

貴州‧麻江 瑤
八鳥繞日揹兒帶

下方中央的菱格內為「四鳥繞日」組成的卍字紋，卍字紋的向心
處有四個「鳥首」，鳥身簡化為三個卷雲紋組成的雙翅與尾，是
極富創意的挖補繡表現方式。

雲南・文山 布依
花鳥蝶紋包被
四周的蝶紋為挖補繡。

四、堆繡

又稱「疊繡」，將事先裁剪好的各種造型布片，層層堆疊在繡地上，組合成各種圖案。可利用布的色差、厚薄變化或內襯羊毛、棉花、布頭等，產生立體效果。

堆繡唐卡

唐卡有卷軸（繪畫）唐卡、刺繡唐卡、提花唐卡、堆繡唐卡和寶石唐卡幾種。其中絲綾堆繡是青海省湟中縣塔爾寺獨特的傳統藝術，是僧侶藝術之佳作。其工序有圖案設計、剪裁、堆貼、繡制、個別圖案部分上色等。堆繡大都以佛經故事為題材，以神佛為主。

絲綾堆繡有著悠久的歷史，一千多年前的南北朝時期，中國的荊楚一帶就有了這種工藝的雛形。當地有一種風俗，逢年過節的時候，用五色的彩綢剪貼成花、鳥形，貼在屏風或戴在頭上。這種風俗在唐朝得到了充分的發展，形成了一種獨特的手工技藝，叫「貼絹」和「堆綾」。貼絹是以單層絲織物剪成圖案平貼，堆綾則是用絲綾或其他絲織物剪貼、堆疊成多層次的圖案。唐人溫庭筠《菩薩蠻》這樣描述：「新貼繡羅襦，雙雙金鷓鴣」，形容拼貼裝飾衣裙之美。

這種工藝傳入藏區後，被用於唐卡的製作，發展成一種新的唐卡門類。尤其在青海、甘肅、西藏、四川等地區有深遠的影響。

青海 · 湟中縣 · 塔爾寺 藏

堆繡唐卡

正在繪圖的喇嘛。

正在製作堆繡唐卡的婦女。　　　　　　　　　　正在裁布片的喇嘛。

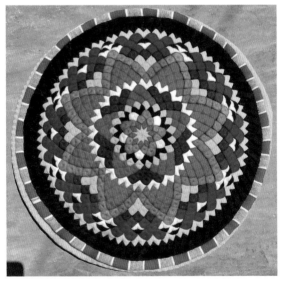

太陽花堆繡坐墊

作品尺寸：直徑 40 公分。

（攝影：郭慶豐）

陝北・綏德 漢

郝憲芝與她的堆繡坐墊作品。

（攝影：郭慶豐）

郝憲芝參與拼縫的大型實驗藝術作品「黃河的衣裳」

作品尺寸：寬 1.68 公尺 X 全長 64 公尺。

「黃河的衣裳」又稱「千家繡」，是西安美院的郭慶豐老師帶領他的考察團，從黃河源頭青海省瑪多縣到出海口山東省，共請了 1,000 位民間藝人在 1,000 塊同等大小的五色土布（22X22 公分）上完成個人創作後，再請他的母親郝憲芝隨意拼接而成。（攝影：郭慶豐）

正在製作太陽花堆繡坐墊的郝憲芝，反面繡正面看。（攝影：郭慶豐）

貴州 · 台江 · 施洞苗族與革一苗族的「堆繡」

貴州·台江·施洞苗族的未婚姑娘穿紅色盛裝，已婚婦女則穿藍色盛裝，盛裝後領正中與前襟的矩形堆繡紋飾與盛裝的顏色一致。

此地區苗族的堆繡是用上過漿的多色輕薄絲綾面料裁剪後折疊成極精細的三角形或方形，層層堆疊於底布之上，邊堆邊用絲線固定，組合成各種幾何形圖紋，有的還搭配刺繡紋樣。堆繡裝飾的尺寸通常只有幾公分，方寸之間可以看到層層疊疊的尖角細密規律地排列。

類似施洞苗族的堆繡技法，貴州·革一苗族女盛裝衣袖與前襟的堆繡面積較大且醒目，運用不同的配色、折疊方式與堆砌，組合出各種幾何形和魚、鳥等紋樣。

貴州 · 台江 · 施洞 苗
未婚姑娘盛裝後領正中的堆繡紋飾

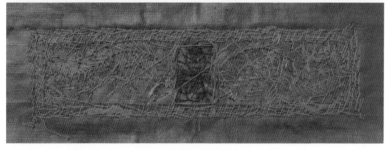

上圖背面的線跡。

貴州 · 台江 · 施洞 苗
已婚婦女盛裝後領正中的堆繡紋飾

貴州 · 革一[苗]

女盛裝衣袖堆繡鳥紋

貴州 · 平塘 布依
繡球紋揹兒帶

橫幅中所見的石榴與桃子均為堆繡技法。

繡球紋為貼花技法。

雲南 · 文山州 苗

生命之樹（花）揹兒帶

用不同色的三角形堆繡，組合出層層相套的二方連續菱格紋。

雲南 · 文山州 苗
生命之樹（花）揹兒帶

用兩個對稱的三角形組成的立體小方格,配合色彩的變化,四方
連續組合出千變萬化的幾何紋。

五、摘綾

將布料折疊或縫製成形，再固定於繡地之法。
由於布料的厚度與皺褶，可使作品呈現明顯的立體感。

山西 漢

戲曲人物枕頂一對

「枕頂」是中國傳統的布枕具，造型多為長方體，也有扁方體、筒形或是生肖形的。枕具的兩端雅稱為「枕頂」，亦稱「枕頭堵」。

武將的腰帶超出了枕頂，難得一見的神來之筆，令人拍案叫絕。

陝西 · 鳳翔 漢
五毒童肚兜

中央的蛙身為摘綾技法。

白色花朵為摘綾技法。

貴州・雷山 苗
雙鳥朝陽女盛裝衣袖

山西 漢
生命之樹（花）童馬甲

正反面展開，正面為精美的摘綾技法。

利用布料的皺褶與卷邊，層層
堆疊出盛開的立體花朵。

Chapter 3

—

各顯神通的
民族貼花

一、漢族

中華傳統吉祥圖案

中華民族悠久的歷史和深厚的文化沉澱是先祖留給我們的巨大寶藏，中華傳統吉祥圖案便是這寶藏中最美、最絢爛的一部分。在漫長的歲月裡，我們的祖先創造了許多嚮往、追求美好生活、寓意吉祥的圖案。這些圖案巧妙地運用人物、走獸、花鳥、日月星辰、風雨雷電、文字等，以神話傳說、民間諺語為題材，通過借喻、比擬、雙關、諧音、象徵等手法，創造出圖形與吉祥寓意完美結合的美術形式。我們把這種具有歷史淵源、富於民間特色，又蘊涵吉祥企盼的圖案稱之為中華傳統吉祥圖案。

陝西・大荔 漢
辟邪虎童肚兜

辟邪虎童肚兜（局部）

山西 漢

生命之樹（花）苫盆巾

「苫盆巾」是清代山西民間男女結婚時的女方嫁妝，出嫁時用來覆蓋在各種圓形有孔的嫁妝上（如燈盞、臉盆或便盆）。待過門後將苫盆巾的上角後翻縫邊，再於上緣與兩側各縫上一組繫帶就成了「肚兜」。既可裝飾新房又可實用，同時也展示了自己的手藝，一舉數得。

山西 漢
蝶戀花圍涎

山西 漢
蓮生貴子腰圓荷包

扮豬吃虎

山西 漢
扮豬吃虎童風帽（正面）

山西 漢
扮豬吃虎童風帽（風帽頂）

世上有兩種人，一是扮虎吃豬，一是扮豬吃虎。扮虎吃豬的，其本身才能和地位太不相稱，故不能不硬要裝成威武的樣子，顯自己之威風嚇唬下屬。此種人正如鄭板橋所指的「世間鼠輩，如何裝得老虎」之流。扮豬吃虎的則相反，本身是老虎樣的英雄人物，為求達到一種企圖，故意詐呆扮傻使人家上當。

所謂「扮豬」，即孫子所說的「善守者」是「藏於九地之下」，「吃虎」是裝「善攻者」，也就是「動於九天之上」。老子說過「大巧若拙」，孔子也說「大智若愚」，這是指有高等學術的人，要順自然而成器，不強為造作，不施巧計不自炫其技，表面看來，一副笨拙樣子。這論調，在老子而言，是一套「無為而治」的觀念；照孔子意思，則是「容貌盛德」不露鋒芒的表現。古代「扮豬」扮得最像，「吃虎」吃得最徹底的，首推越王勾踐。

「扮豬吃虎」的典故出處為司馬懿裝瘋賣傻賺曹爽一事。此事見於《三國志‧魏末傳》，又見於三十六計「假癡不癲」，按語云：「假作不知而實知，假作不為而實不可為，或將有所為。司馬懿之假病昏以誅曹爽，受巾幗假請命以老蜀兵，所以成功；姜維九伐中原，明知不可為而妄為之，則似癡矣，所以破滅。《孫子兵法‧軍形》曰：「故善戰者之勝也，無智名，無勇功。」 所以說，扮豬吃虎並非《三十六計》中的篇章。

扮豬吃虎童風帽（反面）

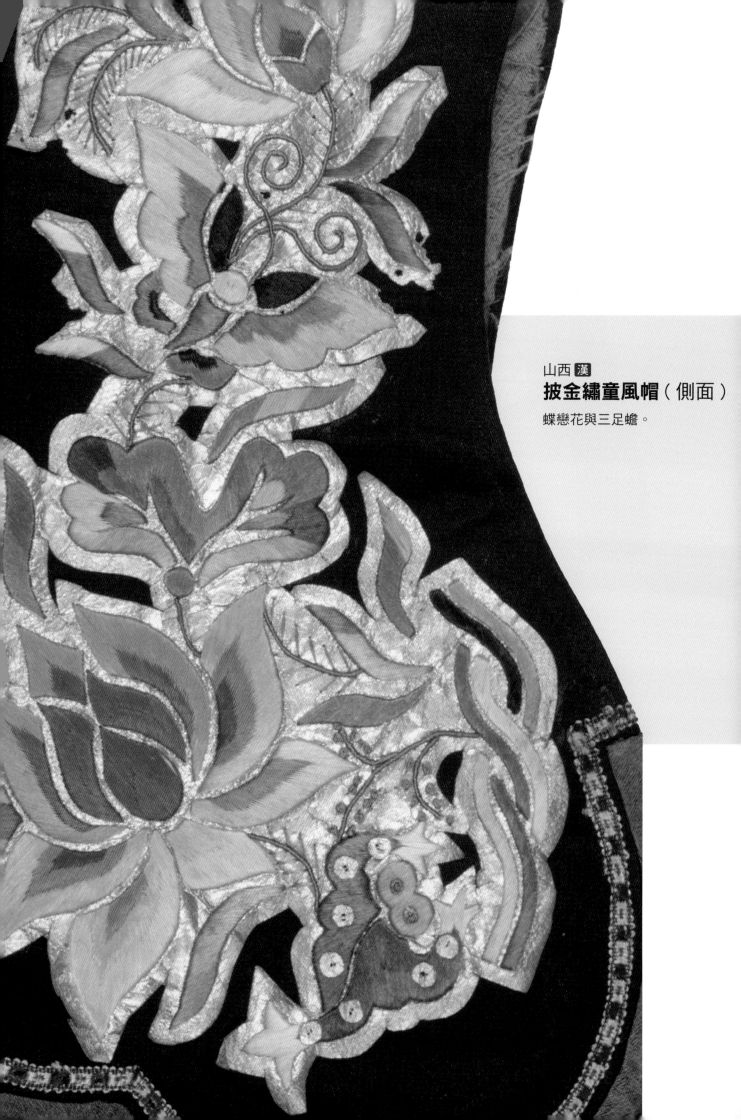

山西 漢
披金繡童風帽（側面）
蝶戀花與三足蟾。

山西 漢

披金繡童風帽（反面）

「披金繡」是先將金箔剪形後貼在底緞上，
再繡彩線於其上。

山西 漢

如意紋童風帽帽尾

下方如意紋用布包邊。

山西 漢

蝙蝠紋童風帽帽尾

下方蝙蝠紋用辮帶鑲邊。

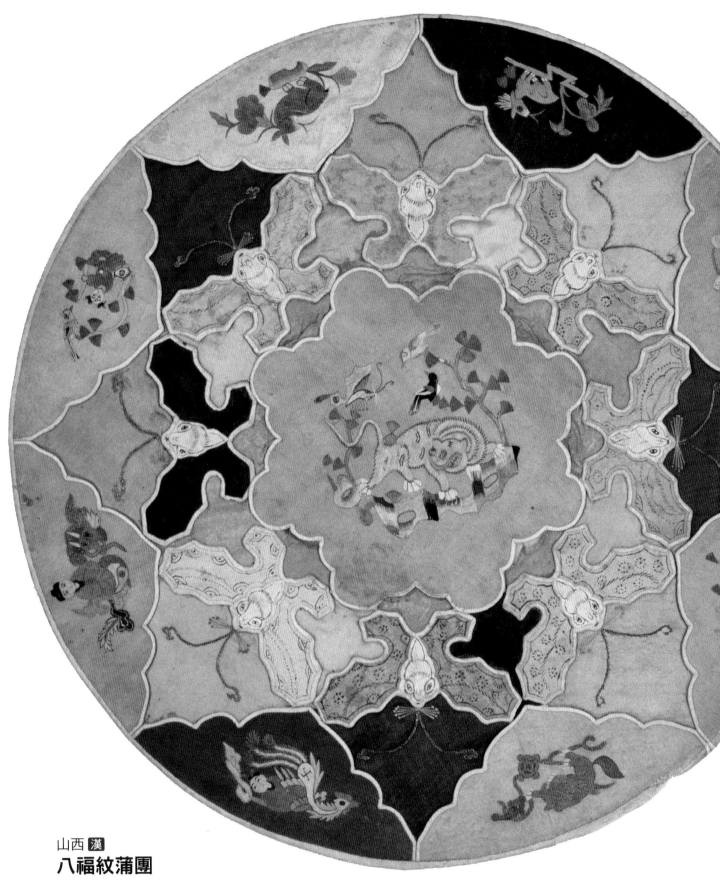

山西 漢

八福紋蒲團

「蒲團」是一種坐墊，外型類似小型枕頭。形狀通常是圓形，
也有半月形、方形等其他形狀，中間填充木棉或蕎麥殼等鬆軟
的填充物。在佛教中，經常作為輔助禪坐的用具。

二、布依族

布依族的「鳥」、「魚」圖騰崇拜

在布依族的民族神話宗教經典裡記錄著：
「……百越之祖為鳥化，與魚戀……」說明了布依族是古代百越中的一支，男性始祖為鳥，女性始祖為魚。所以在布依族的民間美術中常見繡有圖案化的鳥、魚和水，是希望自己的家族興旺。

貴州 · 荔波 布依
鳥穿花童肚兜
下方中央飛鳥的身體與盛開的花朵融合，
雙翅被安排在花朵的上、下方。

民間藝人的巧思，將飛鳥的身首簡化為一朵盛開的花，花的兩側平行飄帶為雙翅，涼亭的葫蘆頂又似鳥首。請參左頁「鳥穿花童肚兜」的文字說明，此為該地區布依族的風格。

貴州・荔波 布依
魚鑽涼亭鳥穿花童肚兜

「魚鑽涼亭」與漢族的「魚躍龍門」有異曲同工之妙，在布依族的居住區，河流上多設有涼亭，供人聚會、休憩之用。

貴州 · 紫雲 布依
瓜瓞綿綿生命之樹肚兜

上層中央為「花型蝴蝶」，兩側還有對蝶與桃子生命之樹。
下層為一株盛開的石榴花生命之樹。

貴州 · 平塘 布依
福壽雙全揹兒帶
生命之樹上有佛手、桃子與兩個古錢象
徵「福壽雙全」。

1. 桃子（主「壽」）。2. 雙錢（雙全）。3. 佛手（「佛」諧音「福」）。

貴州 · 平塘 布依
福壽紋揹兒帶

畫面中有蝴蝶、壽桃、八吉、壽字。人們
常把瓜與蝴蝶放在一起，寓意「瓜瓞綿
綿」，「蝴」與「福」諧音，蝴蝶與壽桃
結合另有福壽之意。八吉紋象徵「百結」，
寓意源遠流長。

貴州・平塘 布依
鳥穿花揹兒帶
揹兒帶上方中央方格內為「鳥穿花」。

雲南 · 文山州 布依
生命之樹（花）揹兒帶

《玄中記》：「蓬萊之東，岱輿之
山，上有扶桑之樹，樹高萬丈。樹
巔有天雞，為巢於上。每夜至子時
則天雞鳴，而日中陽鳥應之；陽鳥
鳴則天下之雞皆鳴」。

貴州 · 平塘 布依

雙龍搶寶揹兒帶

橫幅上層為雙龍搶寶。

貴州 ・ 平塘 布依
雙龍搶寶揹兒帶（局部）
下方為「九宮格」結構。

貴州・平塘 布依

對鳥太陽樹揹兒帶

揹兒帶上半部中間的大方形結構如上
圖，就是「五方」，五方中央小方格
內的對鳥即「兩儀」，下半部中間的
田字格即「四象」。

貴州 · 平塘 布依
花鳥蝶紋揹兒帶
吳碧雲收藏。

1. 蝶。2. 蝴蝶花。3. 飛鳥。4. 如意。

貴州 · 平塘 布依
蝴蝶紋揹兒帶

上層為打散重組的蝴蝶，蝶身
還有 5 隻小蝶，象徵繁衍。
下層為「四象」結構，內容為
生命之樹與鳥。

貴州 · 平塘 布依
蝴蝶紋揹兒帶
上層的蝶身還有9隻小蝶，象徵繁衍。
下層為「九宮格」結構，每個方格的
四角為「種籽」，象徵多子。內容為
生命之花與鳥、蝶、魚。

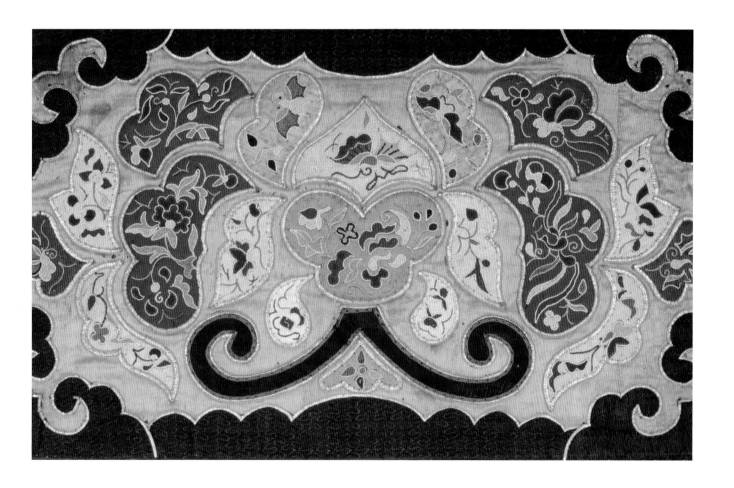

貴州‧獨山 布依
福壽紋揹兒帶

1.「蝴」與「福」諧音,上方橫幅兩旁的「蝴蝶」與中央的「壽」字結合寓意福壽。

2.「九宮格」內為菱形四桃紋。

蝴蝶的「蝶」與「耋」同音,指九十歲的「大壽」老人。

貴州 · 獨山 布依
貫錢紋揹兒帶

下層方格內為「天圓地方」結構。

1.「花」象徵「孩子」。2. 布依族的男性始祖為鳥。3. 其女性始祖為魚。

鳥身卷曲如太極（宇宙卵），以八卦卷雲紋向外逐漸擴散，有如混沌初開的宇宙。讓人聯想到盤古創世神話：「天地混沌如雞子，盤古生其中……。」此件揹兒帶年代久遠，布料已老化破損嚴重，難得一見的珍品，為作者匠心獨運之巧思。

貴州・獨山 布依
卷雲鳥揹兒帶

貴州・獨山的「雲套雲」堆繡揹兒帶，所有的紋飾均與
「雲紋」融合，風格獨特，千變萬化，獨領風騷。

貴州・獨山 布依
獸面紋揹兒帶
「雲套雲」堆繡揹兒帶。

「獸面紋」又稱「饕餮」，是商周青銅器上最常見的一種紋飾，《呂氏春秋・先識覽》載：「周鼎著饕餮，有首無身，食人未咽，害其及身，以言報更也。」周鼎上的紋飾主要以饕餮為中心，雲紋環繞其周圍。顯然，饕餮神獸在天上，從雲層裡探出頭，俯瞰人間，它的身體則藏在雲層裡。

「饕餮」主要作為巫術功能，用於辟邪鎮惡、威懾一切妖魔鬼怪。其基本結構為：中間的鼻樑兩側是一對巨大的眼睛，眼睛的下方有一對上彎的勾雲紋，形似巨大的吞口和獠牙，懾人心魄，在雙眼上方長有一對下彎的獸角。

貴州 · 獨山 布依
生命之樹揹兒帶
「雲套雲」堆繡揹兒帶。

「五方」結構，中央為鳥與生命樹。下方為蝙蝠紋，左為桃子樹（主壽），兩者合為「福壽綿綿」之意。

貴州 · 獨山 布依
鳥魚生命之樹揹兒帶

鳥紋：為布依族的男性始祖。　魚紋：為布依族的女性始祖。　蟬紋：寓意一鳴驚人。　蛙紋：寓意多子。

貴州 · 羅甸 布依
福壽紋揹兒帶

貼花以金箔鑲邊，四隻蝴蝶環繞「福」字太陽紋，
其中兩隻蝶身變形為「壽」字。

三、苗族

妹榜妹留「蝴蝶媽媽」

黔東南苗族宗教信仰和神話中的始祖神，即「蝴蝶媽媽」。在物種起源神話《楓木歌》中說蝴蝶媽媽從楓木的樹心裡生出來後，和水泡遊方（談戀愛），生下十二個蛋，由鶺鴒鳥代他孵出了雷、龍、虎、象、蛇以及各種善神惡鬼和人類的始祖姜央兄妹。蝴蝶媽媽死後，其三魂中之一魂飛升到月亮去了，故月亮和古苗語「媽媽」同音同義。由於始祖神的真身是蝴蝶，所以苗族認為蝴蝶是祖靈的化身，因此不許撲打。平時若見大蝴蝶飛進屋裡，就認為是祖宗來找食物，要殺鴨供祭，否則將有災難降臨。若家人發生爭執，有大蝴蝶飛來，就認為祖先對此不高興，再大的爭執也得停止。在祭祖活動中，被尊為最高祖神。

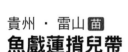
貴州・雷山苗
魚戲蓮揹兒帶
雷山地區的揹兒帶底端喜加「如意雲紋」，因為雲可通神。

貴州 ・ 雷山 苗

石榴生命之樹揹兒帶

貴州 · 雷山 苗
蝴蝶媽媽揹兒帶

貼花鑲邊有兩層，外層為鎖邊，
內層為鎖寶繡：在主紋的周圍，
以兩根金箔線互纏一圈後固定於
底布，重複此步驟至框滿整個圖
案，主要用於紋樣的鑲邊。

黔東南苗族宗教信仰和神話中的始祖神「蝴蝶媽媽」。

貴州・雷山 苗
魚戲蓮揹兒帶

貴州 · 雷山 苗
雷公鳥揹兒帶

鳥身變形為「石榴」，
魚尾變形為「葉」。

貴州 · 雷山 苗

蛙鳥紋揹兒帶

此地區的苗族不但崇拜蝴蝶媽媽，同時也崇拜青蛙（月），故將蝴蝶媽媽的造形加上了蛙的雙足（蝴蝶媽媽死後，其三魂中之一魂飛升到月亮。），與下方的鶺鴒鳥（日）構成了日月輝映。

貴州 · 雷山 苗
蛙紋揹兒帶

此地區的苗族因為崇拜蝴蝶媽媽，
故在蛙口加飾一對蝶鬚。

貴州 · 雷山 苗

雙獅戲球揹兒帶

貴州・黎平苗族女盛裝的肚兜主要為貼花工藝，她們的貼花是先剪好各種紙型，再將薄質的各色絲綢用糯米漿或皂角米漿黏貼在紙型上，剪成各種貼花片，做好所有的貼花片後，在底布上按圖依序在每片貼花的邊緣細心地以雙排不同色的「釘線繡」鑲邊，組合好完整的圖案後再縫綴到肚兜上。「釘線繡」的繡線是事先準備好的，多用藍色絲線或各種顏色的錫箔條纏繞，最常使用銀箔條，紋樣邊緣盤繞有光澤的「釘線繡」，搭配以亮布鑲邊的肚兜，顯得格外醒目。

貴州・黎平 苗
飛鳥紋肚兜

1. 「貼花」用雙排釘線繡鑲邊：外層用藍色絲線纏繞，內層用錫箔條纏繞。
2. 雙排釘線繡用黃、綠兩色錫箔條纏繞。

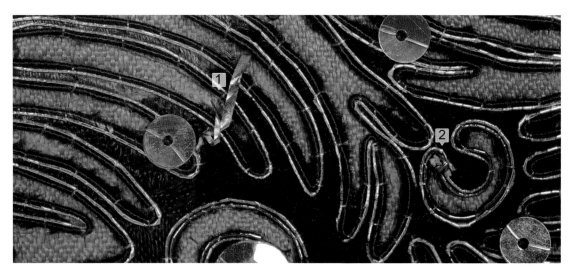

貴州 · 黎平 苗

飛龍紋肚兜頂端

「貼花」用雙排釘線繡鑲邊：外層用藍色絲線纏繞，內層用
金或銀色錫箔條纏繞，龍骨為桃紅與黃雙排釘線繡。

貴州 · 黎平 苗
幾何紋肚兜

「貼花」用雙排釘線繡鑲邊：外層用藍色絲線纏繞，內層用錫箔條纏繞。

貴州・黎平 苗
飛鳥紋肚兜（頂端）

貴州 ・ 黎平 苗
卷龍紋肚兜（頂端）

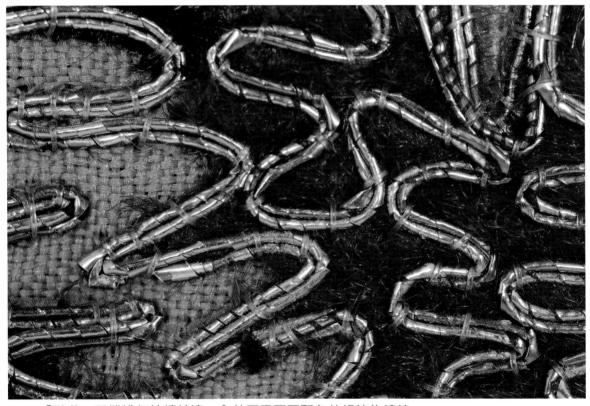

「貼花」用雙排釘線繡鑲邊：內外層用不同配色的錫箔條纏繞。

四、壯族

壯族的「送揹兒帶」

「送揹兒帶」在廣西壯族地區稱之為「訂婚」禮,新婚夫婦要以生兒育女為標誌,來決定這門親事是否成定局。如果經過兩三年沒有「開花結果」,按照壯族的舊習俗,郎家要把媳婦送回娘家去,一門親事就此結束。送揹兒帶是在新婚夫婦初次生育兒女滿月之時,由娘家將精心製作的花揹兒帶送到郎家去,以示慶賀。一般由新生兒的外婆帶隊,一行少則十幾人,多則二、三十人。屆時郎家大擺宴席,歡迎各方賓客,還有放歌一天一夜的習慣。郎家和娘家雙方實力歌手對壘,陣容龐大,難分高低。山歌內容以祝幸福、賀子孫、保平安為主,也包括對老年人的祝壽和對年輕人婚姻、愛情的美好祝願,還有對揹兒帶工藝的讚賞和對送揹兒帶的感謝。揹兒帶一般由外婆親手縫製,同時還要邀請一兩個針線藝人參加,一床繡花揹兒帶大約需要一個月左右的時間才能完成。壯族外婆的《揹帶歌》唱出壯家人思維的靈巧:「鯉魚上樹去生蛋,麻雀下海去做窩。吉利日子來到了,外孫門前鳳毛落⋯⋯。」

廣西 · 金秀 壯
四蝶繞日揹兒帶(局部)

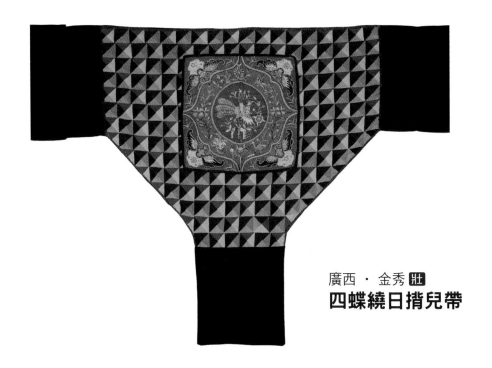

廣西 ・ 金秀 壯
四蝶繞日揹兒帶

廣西 ・ 金秀 壯
繡球紋揹兒帶主體
中央的揹帶心及其外圍全用「天圓地方」
結構的繡球紋組合而成。

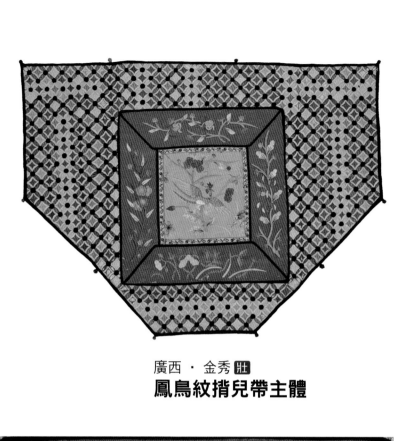

廣西 · 金秀 壯
鳳鳥紋揹兒帶主體

鳳鳥紋揹帶心

四方連續的繡球紋，運用多變的色彩組合，可營造
色彩繽紛的視覺驚艷，黑色圓點象徵「多子」。

廣西・金秀 壯
太陽神鳥揹帶心
吳碧雲收藏。

中央為刺繡的太陽神鳥，外繞生命之樹；四角為貼花與刺繡結合的石榴與佛手瓜，
寓意多子多福。

廣西 · 南丹 壯
花鳥蝶魚紋揹兒帶

廣西 · 南丹 壯
花鳥蝶魚紋揹兒帶

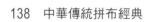

「四象」結構，由左上角順時鐘旋轉，分別為桃樹、飛鳥、蝴蝶、蝴蝶，其中鳥
尾及雙蝶的雙翅或尾均與不同的桃形結合，甚富趣味。

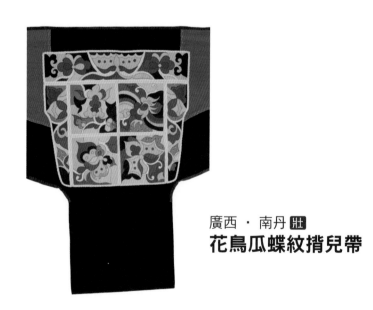

廣西・南丹 壯
花鳥瓜蝶紋揹兒帶

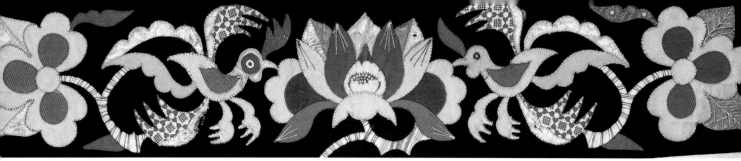

雙鳥朝陽（太陽花）誇張的雙翅與雙足可營造律動之美，且將
雙翅擬人化，有如行人前後擺動的雙手。

廣西・南丹 壯
鳥穿三桃揹兒帶

在民間美術品中，較常見者為「鳥穿花」，「鳥穿三桃」的裝飾手法極為罕見，
三表多數，桃子主壽，此圖為多子多壽之意。四角環繞花、鳥、蝶、如意魚紋，
兩側為石榴生命之樹。

「天圓地方」結構，中央多為圓形，難得一見的柿蒂形，並在其周圍巧用印花布
襯托主紋蝴蝶，同時增加了畫面的韻律感。

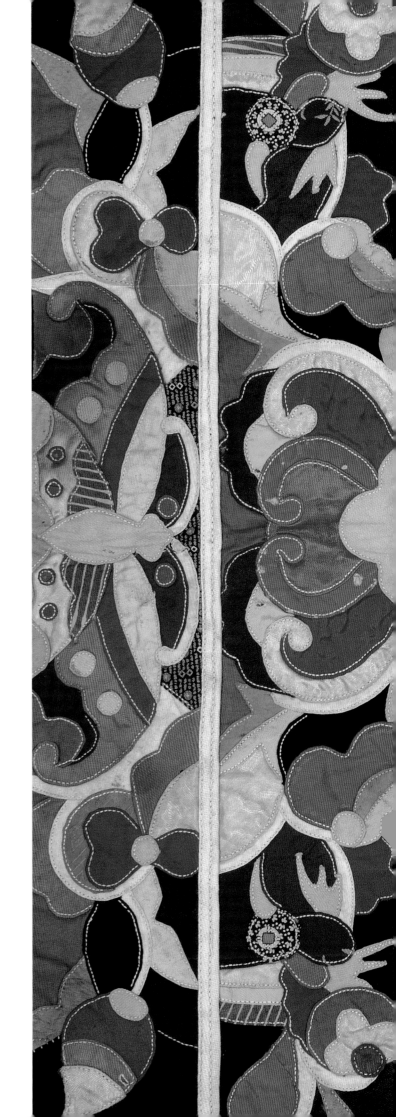

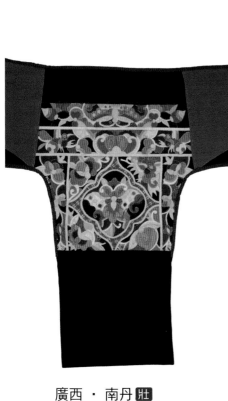

廣西・南丹 壯
花鳥蝶紋揹兒帶

五、彝族

彝族族源神話「馬櫻花」

遠古的時候，洪水滔天，淹沒了人世間，一切生靈都因此滅絕，
唯有兩兄妹躲在葫蘆裡度過了洪災，倖存下來。為了繁衍人類，
兄妹結為夫妻。婚後，妹妹生下一個肉團，肉團被甩在一棵小樹
上，這棵小樹就開出紅豔如火的馬櫻花。而後，肉團裡長出五十
個童男、五十個童女。這天正是農曆二月初八，由此演變為馬櫻
花節。後來，五十個童男、五十個童女長大後，就互相婚配，他
們就是彝、漢、苗、回、藏、白、傣、傈僳等民族的祖先。

馬櫻花又名馬纓杜鵑，隸屬杜鵑花科杜鵑花屬。馬櫻花因其形狀
有如掛於馬頸的銅鈴帶飾而得名。彝族對紅馬櫻花情有獨鍾，視
其為自己的族花。特別是涼山和楚雄地區，馬櫻花圖案幾乎是彝
族婦女服飾上的主要圖案。

對鳥的中央為石榴與桃子生命之樹，心靈手巧的民間藝人，用最簡單的刺繡
白描法，細緻又大氣的呈現素雅中的華麗。

雲南 · 石屏 彝

雙鳥朝陽揹兒帶

彝文所載的創世神話史詩《柏妥梅尼—蘇頗》說，造太陽的男神添旨造出來的太陽不會發光，是太陽女神拉梅和達梅用綠紅二色洗鍍太陽，太陽才發出光芒。

神話中的色彩在作品中如實呈現，解釋了為何此種風格的揹兒帶四周多用紅、綠二色，中央為四朵紅豔如火的馬櫻花。

左為太陽花，右上為飛鳥，並在重點部位以銀泡裝飾，如鳥的雙眼與喙。

雲南 · 石屏 彝
蝶戀花揹兒帶

生命樹上盛開的「馬櫻花」與「石榴」。

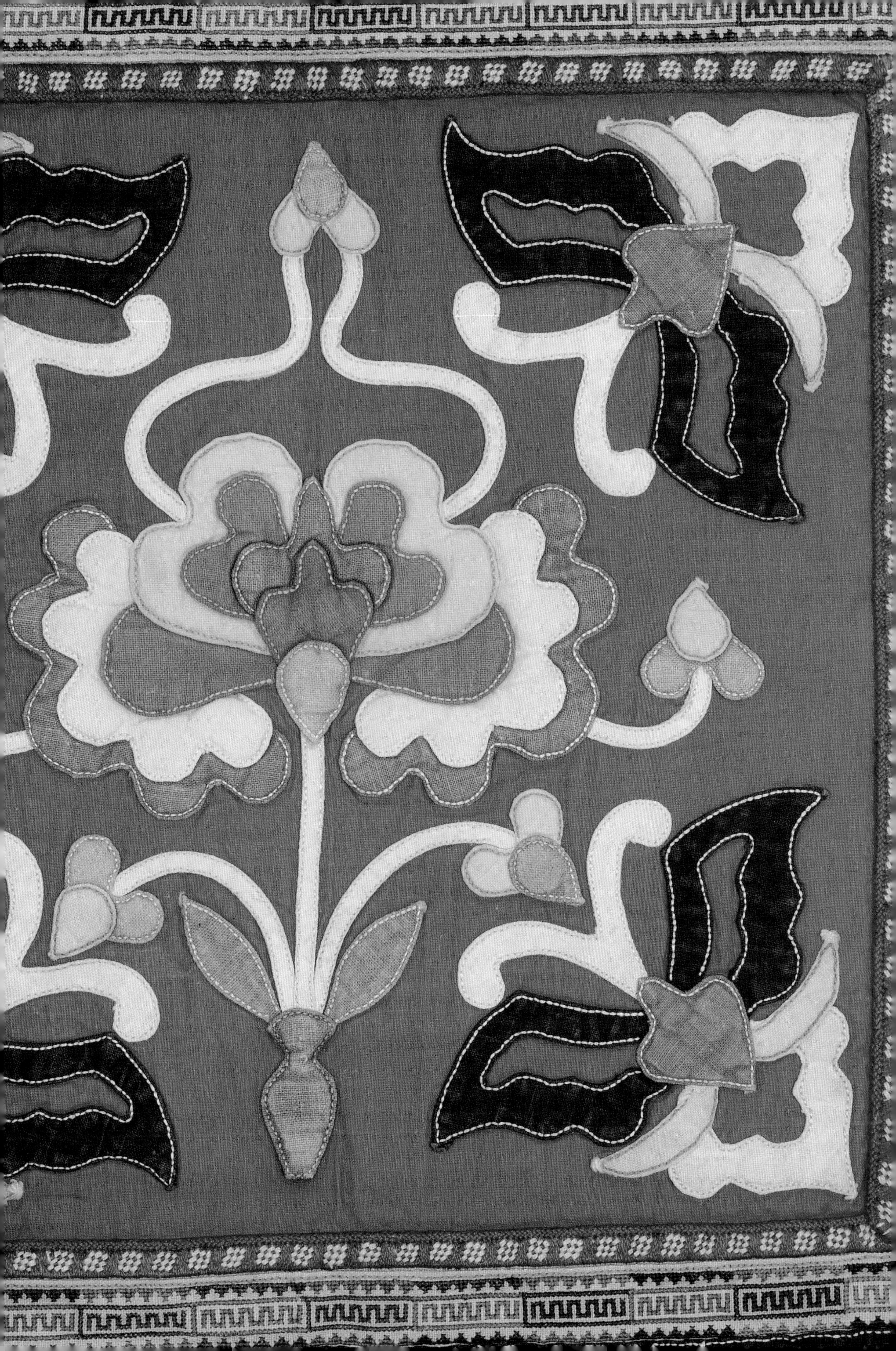

四棵生命之樹（花）╱貼花布料：燈芯絨。

雙獅戲球。

貴州・威寧 彝

生命之樹（花）揹兒帶

貴州的彝族傳說天上有一棵神奇的樹，每片葉子與一個人的命運相聯繫，
樹葉的枯榮生死，決定了相對應者的命運。生命之樹，不僅限於口頭傳說，
還保留在彝族文獻中。

四棵生命之樹（花）／貼花布料：燈芯絨。

鳥與蝶紋。

貴州 · 威寧 彞

生命之樹（花）揹兒帶

「貼花」用雙排釘線繡鑲邊：每排以三股白色棉線為一束。

貴州・普安 彝
如意雲紋揹兒帶

「蕨岌紋」與「如意雲紋」的巧妙融合。
旋渦紋，彝族人稱之為「蕨岌紋」。彝族人
世世代代都是靠蕨岌渡過了饑荒，因它延續
了彝族人的生命，故被稱為「救命草」。

「貼花」用雙排辮帶鑲邊。

貴州・普安 彝
如意雲紋揹兒帶

由中央與四角兩種造型的「蕨岌紋」
組合而成的「如意雲紋」團花。

四角為「蕨岌紋」與「如意雲頭紋」
的巧妙融合。

廣西・隆林 彝
蝶戀花揹兒帶

在彝族的創世神話中，天地是由格滋天神
的五個兒子和四個女兒所創造出來的。但
天地因打雷而震裂，於是格滋天神便讓子
女們抓來三千斤的公魚來支撐地角、七百
斤的母魚來支撐地邊，天地因此穩固。

下方兩個半圓為支撐地邊與地角的魚。

雲南 · 祿勸 彝

鳳鳥蝶魚紋揹兒帶

此件刺繡與貼花結合的揹兒
帶，極富創意且精工巧繡，因
年代久遠，部分老化脫落。中
央為蝶戲鳥，四角還有對蝶與
對魚。

六、僅家

僅家是一個非常好客的民族，每當有客人或者貴賓來臨，都是全家甚至全寨的人身穿盛裝去寨門口迎接。迎接的方式很特別——攔門酒，這是一種非常隆重的禮節。在門口擺上味道甘甜的糯米酒，迎接遠道而來的尊貴客人，每人都需要喝上一、兩碗或者至少一、兩口才可進寨子。

攔門酒表達的是僅家人的誠心和敬意，就像酒一樣濃烈，也像山泉一樣清純。客人喝得越多，表示看得起僅家人，僅家人心裡就越高興。

僅家刺繡與蠟染貼花的交互運用

1. 以蠟染為貼花。
2. 以蠟染為貼花刺繡作底布。
3. 以刺繡為貼花蠟染作底布。

貴州・麻塘 僅
盛裝攔門酒

貴州 ‧ 黃平 僳

蠟染肚兜

蠟染肚兜以幾何紋蠟染方形布為貼花。

盛裝衣袖

盛裝衣袖以幾何紋蠟染方形布為貼花。

盛裝衣袖以幾何紋刺繡菱形布為貼花。

盛裝衣袖以幾何紋蠟染方形布為貼花。

盛裝衣袖以幾何紋刺繡圓形布為
貼花，此圖的蠟染工藝極高明。

七、水族

水族「鳳凰」神話

水族中流傳著「十二個仙蛋」的傳說，「天神派第九個女兒牙巫降到大地，她走遍千山萬嶺看不到一個人，十分苦惱，決心要為大地繁衍人煙，創造萬物。於是她到月亮山接受了風神的洗禮，有了身孕。後來生下了十二個仙蛋，經過孵化，變成十二種動物，即人、雷、龍、虎、蛇、熊、猴、牛、馬、豬、狗、鳳凰等。這些動物長大了，個個想爭做大哥，好管天下。牙巫沒有辦法，只好出兩道難題：一是誰先長牙齒，二是誰先找到火種，誰就當大哥，管天下。最後還是人先長牙齒又先找到火種，就當上了大哥。其他的動物都不服氣，可又怕火，於是雷跑到天上去，龍跑到海裡，虎、熊、猴等都跑到森林中躲藏了，只有鳳凰不僅不怕火，並在火焰裡輕歌漫舞，趁人不注意變成了一個美麗的鳳凰姑娘。後來與人成親，人類得以繁衍。」

水族古歌〈旭注•金昆鳥〉記載，鳳凰姑娘和人成親後，生下三男三女。她死後，想念人間的子孫，於是她的靈魂就變成了三種鳥：一是野雞；二是錦雞；三是布穀鳥。這三種鳥分別管理人間的的雨水、生育和播種。

水族的揹兒帶出現大量的鳳鳥紋，應與此神話有關。

貴州 · 三都 水

鳥穿花揹兒帶

此地區的貼花揹兒帶都喜用金、銀箔鑲邊，下圖中央方格為鳥穿花。

貴州・三都 水
四鳥繞日揹兒帶

瓜瓞綿綿。

「貼花」用雙排釘線繡鑲邊。

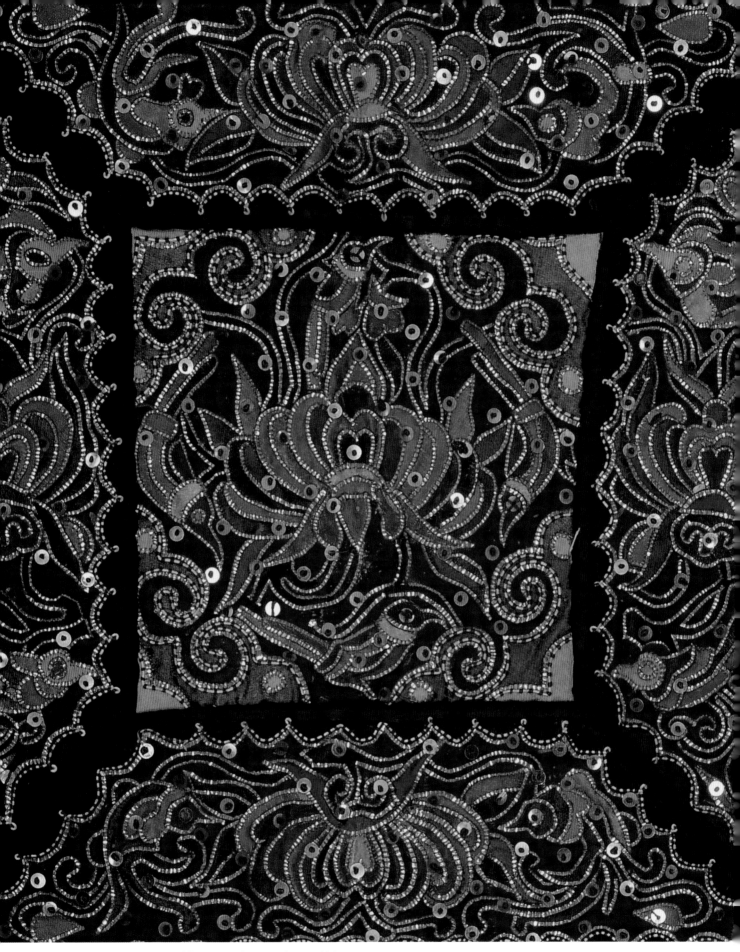

中央方格內為精彩的四鳥繞日（太陽花）。

蝶戀花水盆生命之樹。

貴州 · 三都 水
四鳥繞日揹兒帶

中央方格為四鳥繞日（太陽囍花）。
左上角為「鳥穿瓜」。

雙鳥朝陽（太極魚）水盆生命之樹。

貴州　・　三都 水
麒麟送子揹兒帶

中央方格為麒麟送子。
方格四周為鳥紋生命之樹。

貴州 · 三都 水
蝴蝶紋揹兒帶
吳碧雲收藏。

揹兒帶的上半部，中央是蝴蝶造型，下半部是一幅夜空圖。據當地耆老所稱，那隻大蝴蝶是護佑孩子的福神。傳說在遠古年代，天上共有九個太陽，酷暑難當。一天，一個勤勞的水族婦女揹著自己的兒子去田間耕作，把嬰兒放在田埂上睡覺，嬰兒受不了炙熱的太陽和蚊蟲的叮咬，這時一隻大蝴蝶飛到嬰兒身邊遮擋太陽，並趕走了四周的蚊蟲，嬰兒才得以倖存。水族為了報答蝴蝶的恩情，便把蝴蝶繡於揹兒帶之上。從此，蝴蝶成了能為水族驅邪避害，保佑子孫平安成長的象徵。

揹兒帶下半部的中央是一個月亮造型，月亮裡有一棵生命樹，月亮的外圍還有四隻蝴蝶環繞。

細黑布條貼花，難度較高。

小銅片象徵星星並有辟邪作用。

八、瑤族

布努瑤的《揹帶歌》

廣西布努瑤嫁女後生下的第一個孩子，無論是男是女，都會被認為是一件人人高興、了不起的大事。外婆家的人要準備好揹兒帶等禮物，待到良辰吉日，一隊人披紅掛綠，賀喜而去。到了女婿家後，外婆家的歌手和女婿家的歌手便唱起了他們的創世歌謠《揹帶歌》，整個送揹兒帶儀式需要一天一夜。

布努瑤人深信，揹兒帶是他們的創世女神密洛陀創製的，長達6000行的《揹帶歌》也是密洛陀留下來維繫布努瑤感情的紐帶。這首歌，通過敘說密洛陀創世的艱辛，父母生兒育女的恩情，反覆對孩子進行愛和人生禮儀的教育。

廣西・賀州 瑤
蝶戀花生命之樹揹兒帶

生命之樹上開花結果（佛手、石榴）。

「貼花」用兩針繡鑲邊：以兩條相同的線，一條用來繞圈，一條用來固定，可使排列更緊密牢固。

廣西 ‧ 賀州 瑤

蝶戀石榴花生命之樹揹帶心

石榴因其多籽，且籽粒的飽滿，使人們一看到石榴，便聯想到
子孫的繁衍與家族的興盛，是生殖力的象徵。

廣西 · 賀州 瑤

對鳥生命之樹揹帶心

「貼花」用兩針繡鑲邊：
以兩條相同的線，一條用來繞圈，一條用來固定，
可使排列更緊密牢固。

廣西 · 賀州 瑤
蝶戀桃花生命之樹揹帶心

吳碧雲收藏。

桃蘊含著吉祥如意、辟邪逐鬼、祈
福祝壽的文化意義。桃能生人的文
化觀在民間習俗中具體表現為向桃
祈求生育，這是向圖騰求子即圖騰
生人意識的反映。

廣西 · 賀州 瑤
蝶戀蓮花生命之樹揹帶心
盛開的蓮花中央，強調「多籽」的蓮蓬。

九、侗族

在侗族古歌中，有一個「九個太陽創世神話」，傳說「薩天巴」是創世女神，她幻化而成九個太陽，曬乾洪水，解救了後來繁衍侗族後代的姜良、姜妹。薩天巴在天成象為「日暈」，在人間她的化身是「金斑大蜘蛛」。

貴州省・從江縣・高增鄉・小黃寨盛裝女童迎接貴賓的攔門酒。

貴州 ・ 錦屏 侗
四蝶繞日揹兒帶

廣西・三江 侗
如意雲紋揹兒帶蓋帕

四位一體的「太陽家族」。太陽內的左右中三方各有一棵「太陽樹」，共用中央的一朵「太陽花（金斑大蜘蛛）」，兩旁還有象徵太陽東升西落的一對「太陽」和一對「太陽鳥」。太陽外環加飾 20 個小銅鏡，強化神話中的「日暈」效果。

《尚書・堯典》稱「日中星鳥」，《淮南子・精神訓》中的「日中有踆鳥」，正是日鳥神話結合的反映。

廣西・三江 侗
九個太陽揹兒帶蓋帕

中央圓形刺繡貼花片內為「獅子滾繡球」。外圍環繞以卷雲
紋貼花為主的各種抽象圖紋，營造律動的美感。

廣西・三江 侗
獅子滾繡球揹兒帶

十、毛南族

毛南族婦女揹孩子出遠門走山路時，都要在孩子的揹兒帶上別上銀禾剪和銀針，這不僅是一種美麗的裝飾，而且還有別的用意。

相傳遠古時代，一位毛南族婦女身揹孩子，要到山上去剪樹苗、藤葉回家餵牛，但是去而未返……大家沿路去找，果然在一處草地上，發現一隻死老虎，大家認為，主婦母子應是葬身虎腹無疑了，可是不知老虎為何而死，眾說紛紜。為了揀回死者的一些遺骸，他們開膛剖腹，只見虎腹積滿了淤血，並且發現了主婦家的禾剪和鞋針，這時大家才恍然大悟，是禾剪和鞋針為主家報了仇。

從此以後，毛南族婦女揹孩子出遠門走山路，都要在揹兒帶後面別上一把禾剪和一根鞋針。後來，為了美觀起見，就用白銀打製成銀禾剪和銀針，別在揹兒帶上，這種古老的裝飾，一直沿用到現在。

貴州・平塘 **毛南**
瓜瓞綿綿揹兒帶
中央方格內蝴蝶的蝶身與石榴合而為一，故稱「瓜瓞綿綿」。

橫幅中央上為「蝴蝶」下為「鳥穿花」。

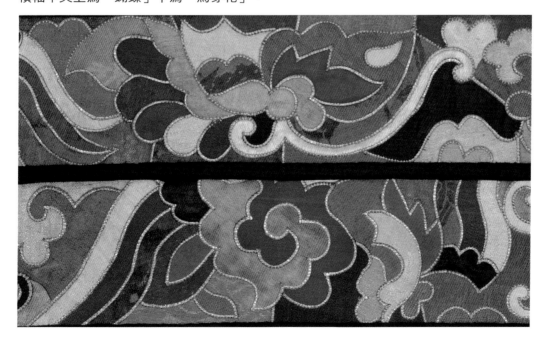

177

貴州 · 獨山 毛南
對鳥卷雲紋揹兒帶
貼花布料：燈芯絨。

「五方」結構的中央為對鳥，由上方順時針旋轉，分別為
獅子戲球、螃蟹、蝦、螺。

立於山巔上的天雞，身處雲霧之中。
燈芯絨不但厚且毛邊不易處理，製作難度極高，尤其尖角更難，
一般人不敢嘗試，此件揹兒帶可圈可點，作者勇氣可嘉。

貴州‧獨山 毛南
駕鶴升仙揹兒帶
「駕鶴升仙」象徵「長壽」。

中央方格為「駕鶴升仙」，上方橫幅為「雙獅戲球」。

十一、其他

「貼花」用釘線繡鑲邊：以兩股白色棉線為一束。

卷草如意雲紋揹兒帶

四人紋揹兒帶

上方中間吊飾由貝殼（象徵女陰為生殖崇拜）、
香囊（內裝藥草為辟邪作用）、野兔尾（兔子
諧音吐子，為求子之意）組合而成。

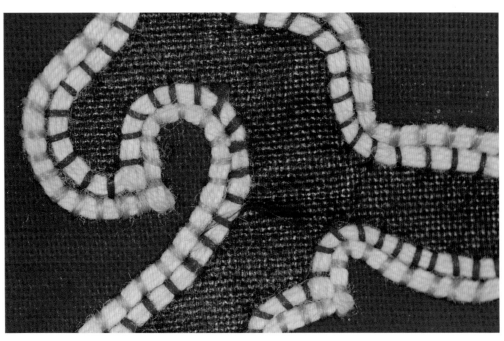

「貼花」用雙排釘線繡鑲邊：每排以三股白色棉線為一束。

蝶戀花

牛	對牛與生命樹	
蝶	青蛙	貓

生命之樹揹兒帶

貼花（舖棉）。

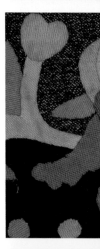

Chapter 4
—
不同拼布技法的
結合

一、貼花與拼接

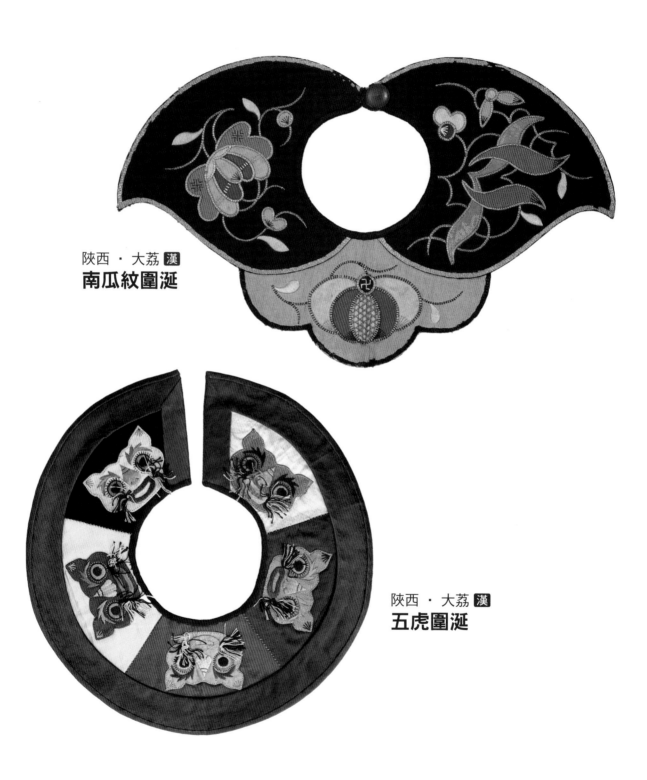

陝西・大荔 漢
南瓜紋圍涎

陝西・大荔 漢
五虎圍涎

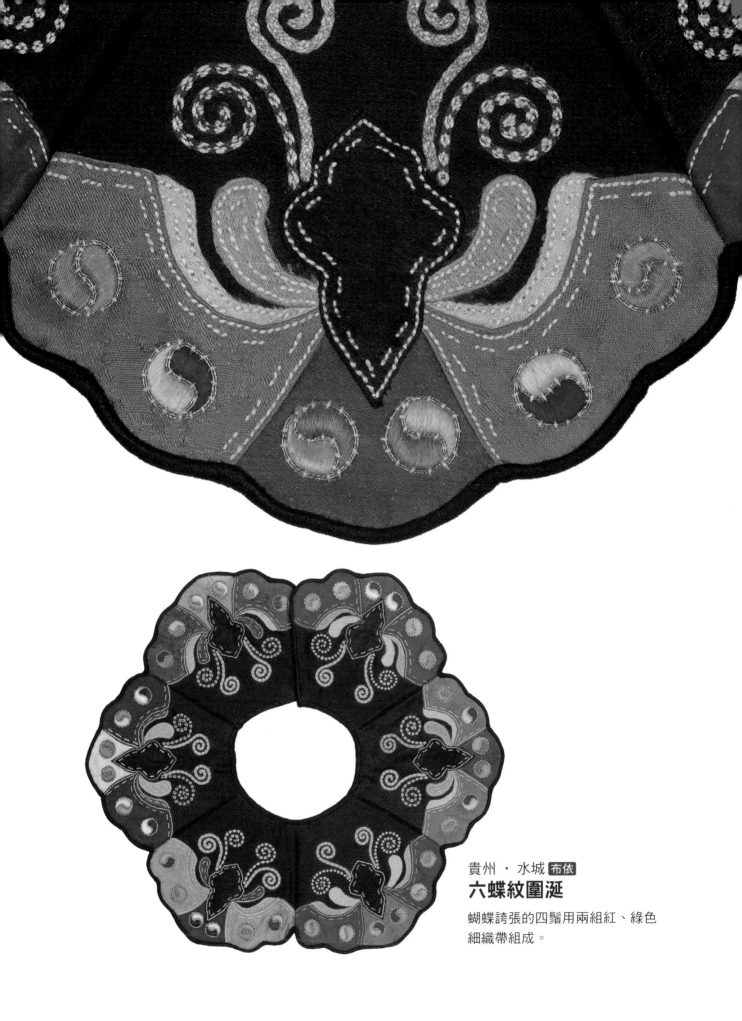

貴州 · 水城 布依
六蝶紋圍涎
蝴蝶誇張的四鬚用兩組紅、綠色
細織帶組成。

貴州・普安 彝

鳥魚紋揹兒帶

中央方格內為刺繡貼花。

「貼花」為五層鑲邊（外層用藍絲線鎖邊，內四層為釘線繡）。

中央為鳳鳥紋，外四角為對鳥與對魚。
用9片刺繡貼花拼接而成的揹帶心，接點以銀泡鑲綴。

貴州 · 黎平 侗
幾何紋揹兒帶蓋帕

整幅作品均以對稱的卷雲紋構圖，雲
紋具有通神的作用。
中央圓形與四蝶均用「錫箔條」鑲邊，
其他幾何紋則用「釘線繡」鑲邊。

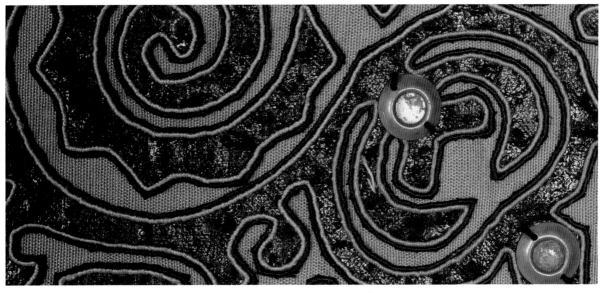

貼花為侗族手織「亮布」，小銅鏡起裝飾與辟邪作用。

底白花的粗框為「結邊繡」技法：
藍色絲線與錫箔條繡出二方連續的三角形或波浪紋，裝飾性極強。

貴州 · 黎平 苗

幾何紋揹兒帶蓋帕

運用不規則曲線貼花的色彩變化，營造
畫面的韻律感。貼花以「釘線繡」鑲邊，
粗外框以「結邊繡」鑲邊。

貴州 · 黎平 苗
獸面紋揹兒帶蓋帕

「獸面紋」可辟邪鎮惡，威懾妖魔鬼怪。
運用不規則的貼花與其色彩的變化，營
造畫面的律動感。
中央菱格與下角獸面紋一對為貼花，其
餘紋飾均為刺繡。

二、挖補繡與拼接

貴州 苗
生命之花圍涎

「八卦」結構。

雲南 · 石屏 彝
蕨岌紋圍涎

旋渦紋，彝族人稱之為「蕨岌紋」。彝族人世世代代都是靠蕨岌渡過了
饑荒，因它延續了彝族人的生命，故被稱為「救命草」。

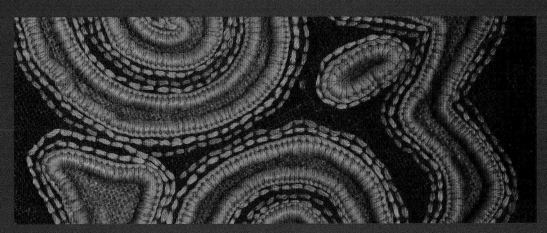

三層鑲邊的挖補繡。

貴州 ‧ 威寧 彝
花果蕨岌紋包被

「蕨岌紋」與「花果」的巧妙融合。
細而長的曲線布條與尖角的手縫製作難度
均高，本幅作品中花果的輪廓與蕨岌紋都
是用「挖補繡」技法，最後將 9 塊繡片
拼接完成，技藝高超。運用襯底的色彩變
化，可使對稱構圖的畫面靜中有動，美麗
動人的視覺饗宴，令人佩服。

貴州 ‧ 威寧 彝
蕨岌紋包被

整幅包被滿佈以「蛇形線」表現的蕨岌紋，「蛇形線」是彎曲
的線條加上延伸的螺紋，被許多藝術家認為是最具美感的線條。
本幅包被是用挖補繡與拼接技法製作，難度極高，必須具備高
超與熟練的技巧方可完成。

三、貼花與挖補繡

河北 漢
百褶裙下襬

貴州 ・ 惠水 布依
如意雲紋圍涎

黑色為貼花，紅色為挖補繡。

貴州・貴陽 苗

蝶魚紋圍涎肚兜（正面）

中央蝴蝶為「貼花」，右下角金玉（魚）滿堂口袋
為「挖補繡」。

貴州 · 貴陽 苗
蝶魚紋圍涎肚兜（反面）

紋飾為白色棉線「挑花」。領口外緣模擬圓形項鍊，
下方垂飾長方形與如意形兩塊鎖片，兩側還有陰陽相
對的雙獅戲球、對杯、對鳥、對瓜與銀鍊。

貴州・從江 苗
八蝶戲繡球揹兒帶蓋帕
貼花為苗族手織「亮布」。
用5個貫錢紋組成的「繡球花」。

鑲邊技法用了四種：1.鎖邊。2.釘線繡。3.兩針繡。4.連續鎖針。

貴州 · 劍河 苗

渦漩紋揹兒帶

貴州・劍河 苗

渦漩紋揹兒帶

用雙排同色釘線繡鑲邊。

貴州 · 劍河 苗

渦漩紋揹兒帶

用雙排不同色釘線繡鑲邊。

貴州 · 普安 彝
蕨岌紋揹兒帶

中央挖補繡，兩側貼花。
旋渦紋，彝族人稱之為「蕨岌紋」。
彝族人世世代代都是靠蕨岌渡過了
饑荒，因它延續了彝族人的生命，
故被稱為「救命草」。

貴州 · 普安 彝
蕨岌紋揹兒帶（局部）

白色棉線為「倒三針」技法，即
每三針回針，縫一針平針，線跡
斷續顯示。此種針法常見於民間
各種繡品的拼接或壓線處理，可
配合曲線圖案，營造韻律與節奏
的美感。

「貼花」用四種不同配色的辮帶鑲邊。

貴州 · 普安 彝
蕨岌紋揹兒帶
中央挖補繡 · 兩側貼花。

━ 太陽鳥　━ 太陽花　━ 魚戲蓮　━ 三足蟾

雲南 · 彌勒 彝
太陽神鳥揹兒帶

中間彩色部分為貼花，四角黑色如意雲紋為挖補繡。
太陽花生命樹樹梢的太陽鳥象徵「太陽」，樹根的
三足蟾象徵「月亮」，日月循環周而復始，陰陽相
合化生萬物。
整幅作品滿佈「倒三針」斷續白線，可增加畫面的
韻律與節奏美感。

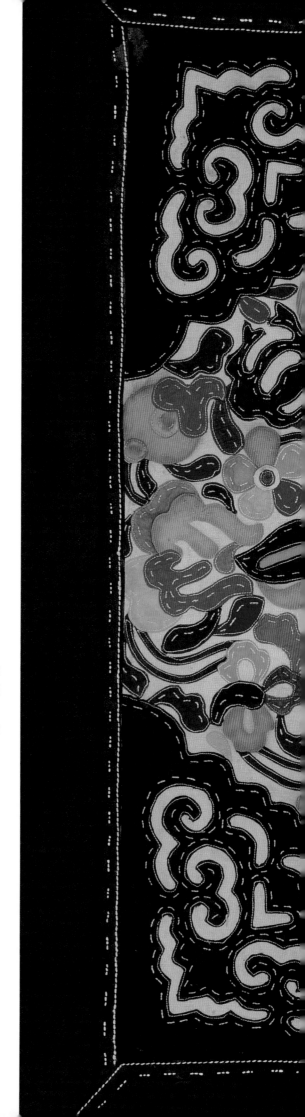

雲南 · 彌勒 彝

太陽神鳥揹兒帶

中間彩色部分為貼花，四角黑色為挖補繡。

盛裝女袍菱形「托肩」的背面。
（攝影：楊鈇剛）

**雲南・綠春牛孔鄉
土嘎村盛裝婦女**

（攝影：楊鈇剛）

雲南 ‧ 綠春 彝
龍紋托肩

「托肩」類似披肩，但菱形托肩
是與彝族盛裝女袍合而為一。
此地區的托肩紋樣精美繁複，工
藝細緻。

雲南 · 綠春 彝
瑞獸紋托肩

雲南 · 綠春 彝

龍紋托肩

Chapter 5

中華傳統拼布之鄉

中華傳統拼布藝術雖分佈於56個民族之中，但以拼布為其主要技法，且具獨特風格的並不多，較為重要的除了本章介紹的三地，還有以下三地：

1.廣西省‧南丹、天峨……等地壯族的「百衲被」與「揹兒帶」。技法以「貼花」和「拼接」為主，其中最具特色的是「出神入化貼花」技法與「蝶鬚紋」的運用。圖案內容豐富，有花、鳥、蝶、魚、龍……等多種吉祥圖案，喜用多變的卷雲紋構圖手法。

2.貴州省‧黎平縣苗族的「胸兜」與「揹兒帶」。主要技法為「貼花」，多以雙排平行釘線繡鑲邊，內層釘線以錫箔條纏繞，有多種顏色選擇，外層搭配用藍色絲線纏繞的釘線，也有雙排使用不同色錫箔條纏繞的；幾何形構圖的內外框架則採用以錫箔與藍色絲線交叉繡成的結邊繡技法鑲邊。中間圖案造型多為不規則的「抽象圖案」，偶見變形的龍、鳥紋，線條的流動感與裝飾性強，極富現代感。

3.青海省‧湟中縣塔爾寺藏族的「堆繡唐卡」。唐卡有卷軸（繪畫）唐卡、刺繡唐卡、提花唐卡、堆繡唐卡和寶石唐卡幾種。其中「絲綾堆繡」是塔爾寺獨特的傳統藝術，是僧侶藝術之佳作。其工序有圖案設計、剪裁、堆貼、繡製、個別圖案部分上色等，多為集體製作。堆繡大都以佛經故事為題材，以神佛為主。

其中1.「廣西省‧南丹、天峨……等地壯族」在筆者已出版的《百衲被一廣西壯族拼布藝術》與《拼布被一西南少數民族拼布》兩本教材中已有拼布被的詳盡說明，此外在本書Chapter 3的「四、壯族」也有相同風格的揹兒帶，至於2.「貴州省‧黎平縣苗族」請看本書Chapter 3的「三、苗族」與Chapter 4的「一、貼花與拼接」，還有3.「青海省‧湟中縣塔爾寺藏族」請看本書Chapter 2的「四、堆繡」的介紹。

一、山西省・高平縣（漢族）：貼花/挖補繡

▋ **主要用途：肚兜。**

▋ **主要文化內涵**

山西省高平縣拼布肚兜的紋飾以人物為主是其特色，這與山西的民間戲曲上黨梆子有關，此地區肚兜上人物的五官均為手繪。紋飾內涵可分為三大類，但均以菱形肚兜底端的「生命之樹」為其主軸，生命之樹的母體多為水紋、花瓶、蓮花、如意、瓜、蝶、魚、三足蟾（女媧）……等的不同組合，象徵生命的繁衍。

1.吉祥圖案
由各種花卉、瓜果、蟲魚、蝴蝶、吉祥鳥和瑞獸等紋飾組合而成，如龍戲珠、貴子折蓮、麒麟送子、鹿銜梅枝、獅子滾繡球、魚蓮娃娃等。

2.民間戲曲
如「瑤台會」、「蜃中樓」、「黃鶴樓」、「兔跳花園」等劇情場景作為表現內容。

3.卷雲紋
老年人穿戴較為簡單樸素的雲花肚兜，兩側及底端均為「卷雲紋」挖補繡，頂端則不一；上下兩端多為「生命之樹」平繡；中央常見吉祥字福、壽或太極圖。

▋ **製作技巧**

1.貼花（吉祥圖案與民間戲曲）。

2.挖補繡（卷雲紋）。

雲花兜底（正面）

上方「卷雲紋」挖補繡；
下方「生命之樹」平繡。

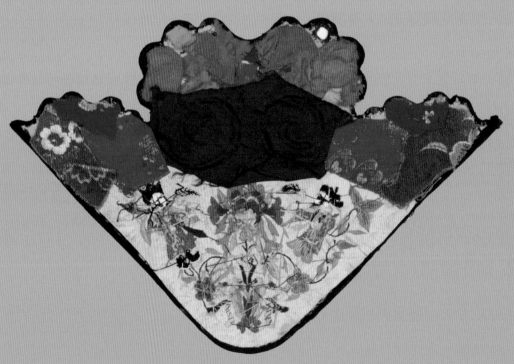

雲花兜底（反面）

—— 三足蟾 —— 鳳 —— 女媧

女媧生命之樹與鳳戲蓮花肚兜

兜底為「女媧」與其本相「三足蟾」，上方
弧形囊袋的袋緣還有一對人面三足蟾。

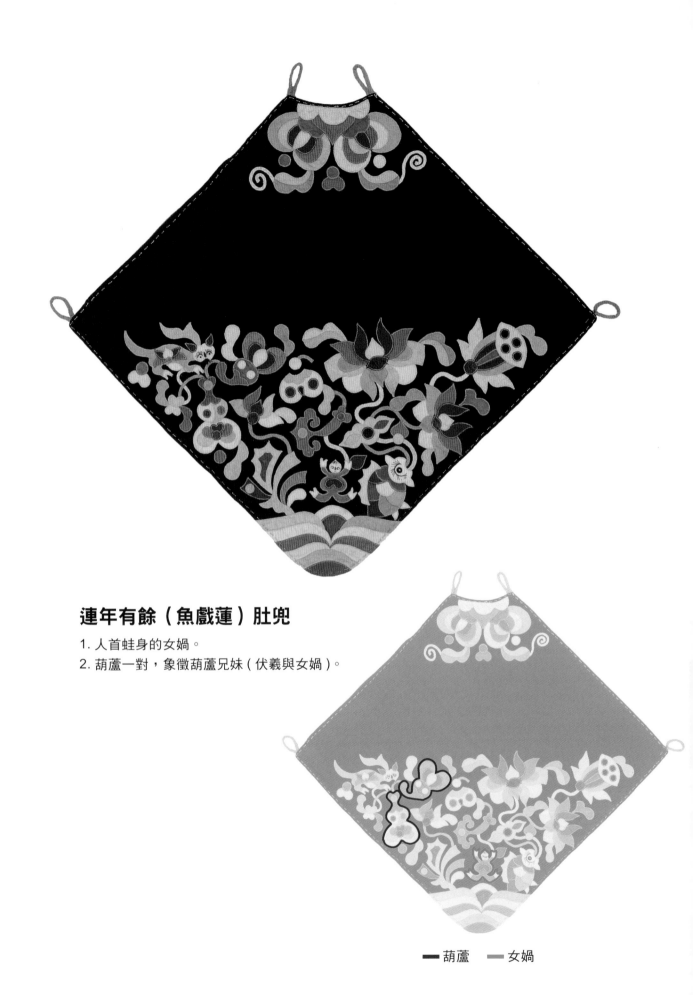

連年有餘（魚戲蓮）肚兜

1. 人首蛙身的女媧。
2. 葫蘆一對，象徵葫蘆兄妹（伏羲與女媧）。

■ 葫蘆　■ 女媧

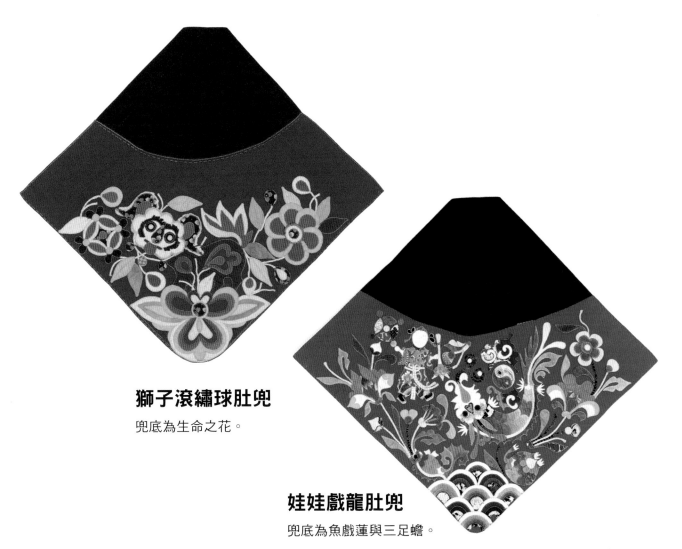

獅子滾繡球肚兜

兜底為生命之花。

娃娃戲龍肚兜

兜底為魚戲蓮與三足蟾。

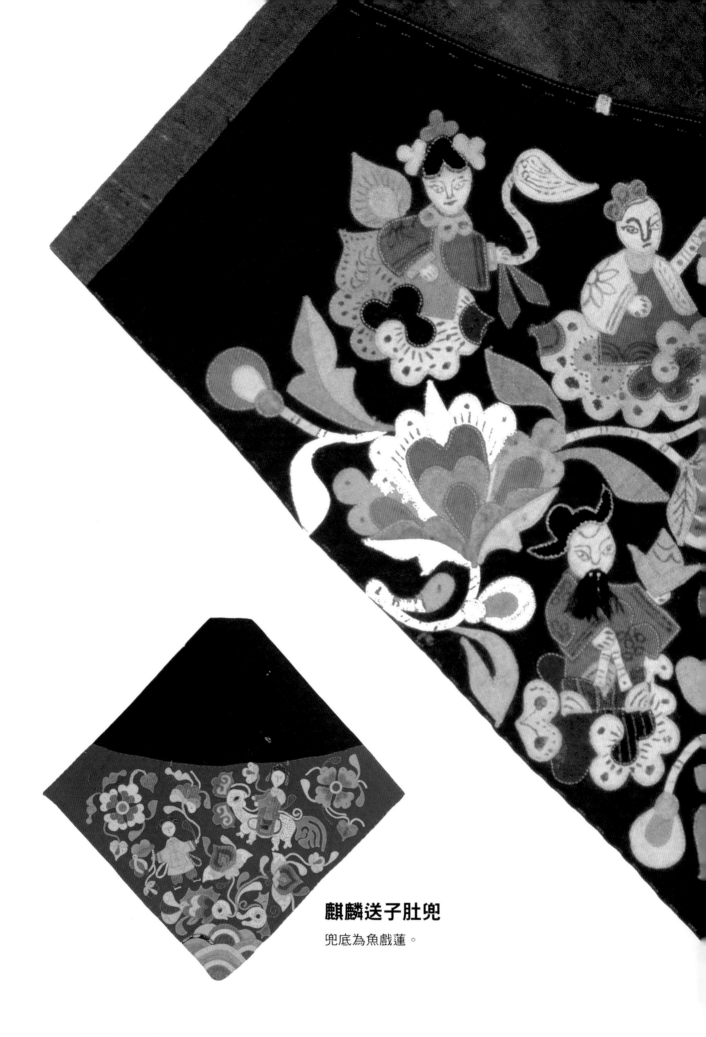

麒麟送子肚兜

兜底為魚戲蓮。

八仙慶壽肚兜

上排中央騎鶴者為壽星。

——趙匡義右手持弓　——符小姐與丫鬟　——玉兔

兔跳花園肚兜

五代後周時期周世宗統治時代，趙匡胤之弟趙匡義帶著軍師苗訓
外出打獵，趙匡義射一玉兔，玉兔銜箭而去，趙匡義追隨玉兔來
到符家花園，正好碰到符小姐與丫環在園中降香，圖中即為兩人
花園相見的情景。

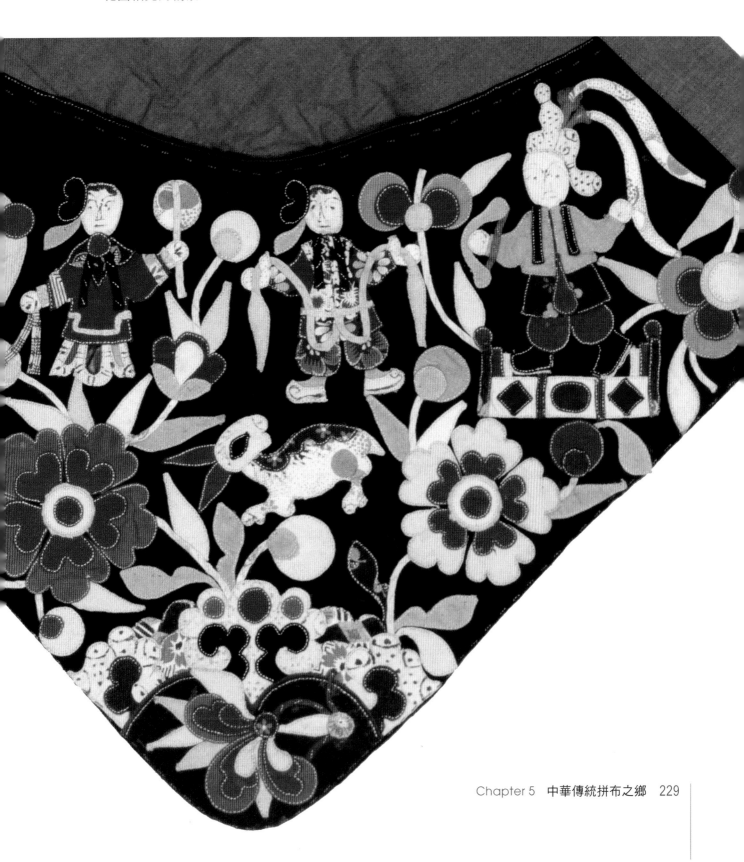

《東遊記》謂白牡丹乃洛陽第一名妓，長得國色天香，呂洞賓一見心神蕩漾，心想：「此婦飄飄出塵有三分仙氣，取之大有益處。」於是化為風流秀才登門拜訪，二人一拍即合，魚水相投，各逞風流，自夜達旦，兩相采戰，呂洞賓本是純陽，「連宿數晚，雲雨多端，並不走泄」，白牡丹大奇之，以為遇此異人，當盡力奉承，「不怕彼不降也」。白牡丹使出渾身解數，曲盡春意，但「竟不能得其一泄」。

此事被鐵拐李、何仙姑與張果老知曉，三人商量個壞主意，將一絕招暗中告訴白牡丹。次日牡丹與洞賓雲雨，至其恣意之時，「以手指其兩肋，洞賓忽然驚覺，不及提防，一泄其精」。

呂洞賓戲白牡丹肚兜

中央為水瓶生命之花，瓶身有梅（媒）花一朵。兩人身後的桔子與蜜桃分別象徵「男陽」與「女陰」。

━水瓶生命之花 ━蜜桃 ━桔子

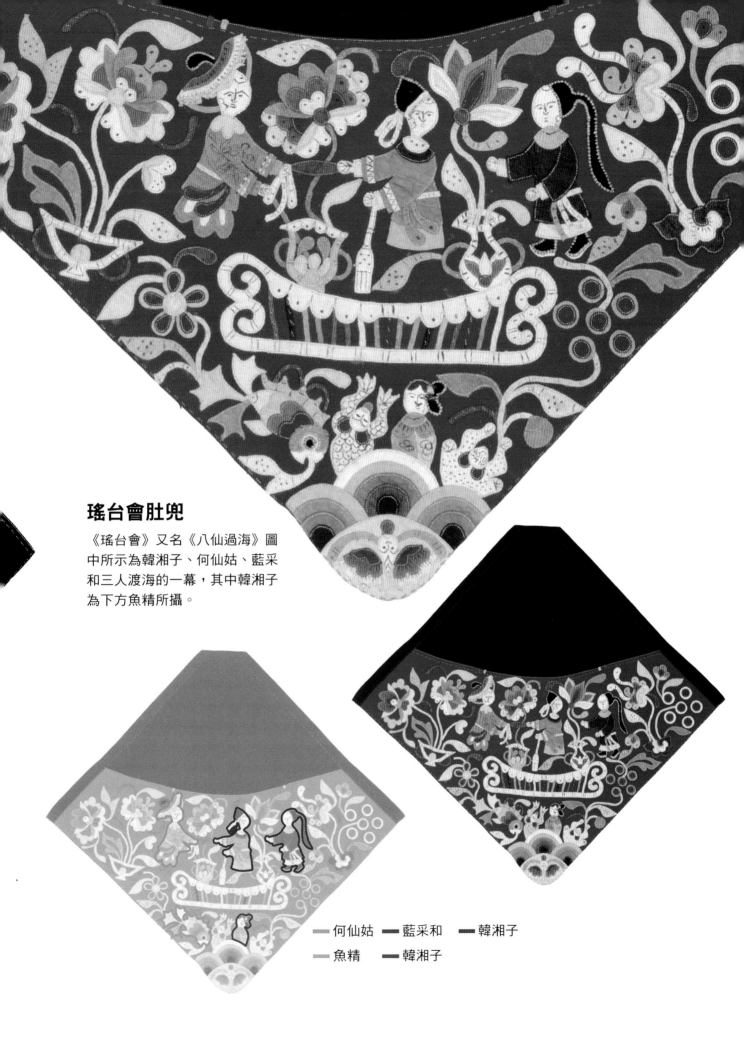

瑤台會肚兜

《瑤台會》又名《八仙過海》圖中所示為韓湘子、何仙姑、藍采和三人渡海的一幕，其中韓湘子為下方魚精所攝。

何仙姑　　藍采和　　韓湘子
魚精　　韓湘子

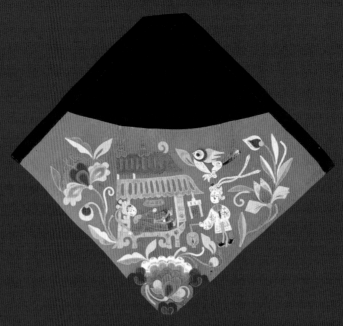

回山洞房肚兜

為何新房叫洞房？跟「砸昏」有關。原始時代男性看到心儀女性，就會把她砸昏並拖回山洞裡，男女合房若是成了，婚也算結成了。因為住的是山洞所以叫「洞房」，也因為把女的打昏，所以是結「婚」。當然，這只是個傳說，但真要知道「洞房」為什麼叫洞房，可以從歷史裡找線索。

漢代擅長寫賦的司馬相如，在《長門賦》裡寫過一句「懸明月以自照兮，徂清夜於洞房」，這裡的洞房可不是你想的那個洞房。《長門賦》講的是漢武帝失寵皇后陳阿嬌，苦等君王臨幸卻未果的故事，阿嬌失寵後只能獨守空房，因此，這裡的洞房講的是幽深而又豪華的房間。

到了北周，詩句中也有提到洞房，「洞房花燭明，燕餘雙舞輕」，這裡指的跟現在的洞房有點關係，但還不全然是，這詩句中的洞房指的是男女相互傾慕、談戀愛的幽會場所。

此時的洞房還有另一個意思，「洞房隱深竹，清夜聞遙泉」，它寫的是僧人的山房！和尚竟然也入洞房？其實不是的，因為唐朝的時候佛教比較流行，也不知從何開始，洞房也指僧人的房間。

等到唐朝以後，洞房逐漸的變成了婚房的專稱，「洞房昨夜停紅燭，待曉堂前拜舅姑。」北宋年間，也有一個大家耳熟能詳的絕句《四喜》：「久旱逢甘霖，他鄉遇故知。 洞房花燭夜，金榜題名時。」從此，「洞房」就成了我們現在通用的語言了。

從新郎與新娘的穿著可知兩人均為武將，洞房屋簷下懸一盞紅燈籠，新郎也
手提燈籠入洞房，明示此時為夜晚。右上為報喜的喜鵲，房頂上的兩個葫蘆
隱喻葫蘆兄妹（伏羲與女媧）成婚的神話。

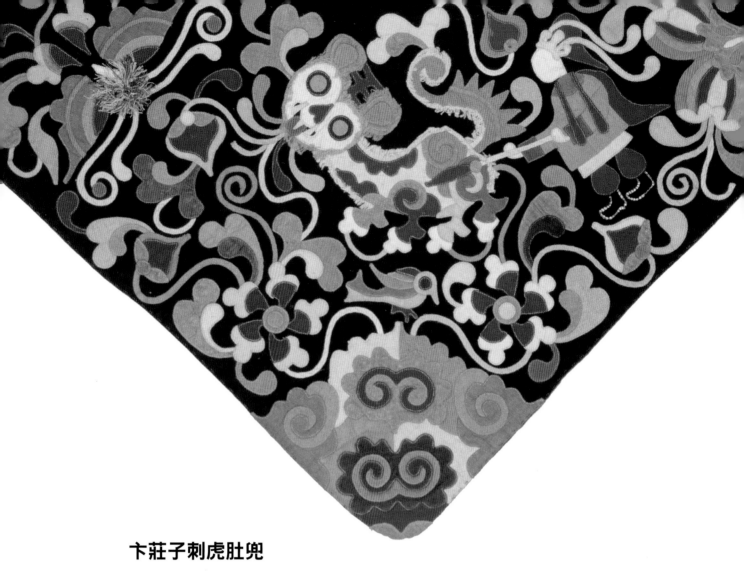

卞莊子刺虎肚兜

戰國時陳畛說秦惠王，引卞莊子刺虎
為喻，先待齊楚交戰，乘其兩敗俱傷
時進兵。見《戰國策・秦策二》及
《史記・張儀列傳》。後因以「刺虎」
為一舉兩得之典實。

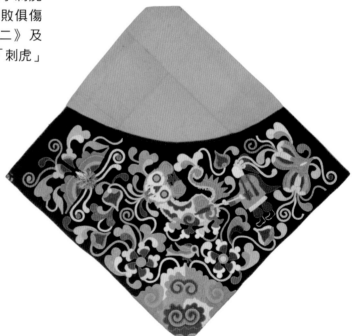

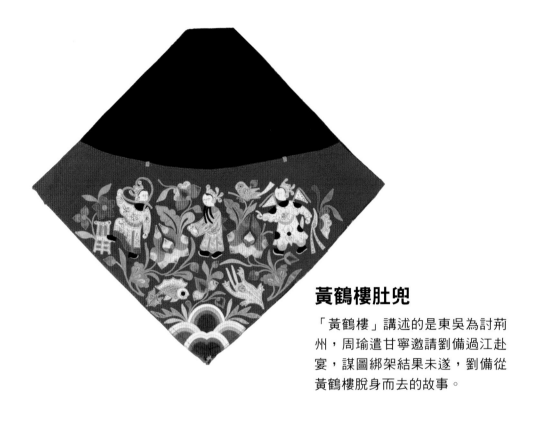

黃鶴樓肚兜

「黃鶴樓」講述的是東吳為討荊州，周瑜遣甘寧邀請劉備過江赴宴，謀圖綁架結果未遂，劉備從黃鶴樓脫身而去的故事。

從左至右為周瑜、劉備、趙雲。

馬蹄後方飛舞著一隻碩大的蝴蝶，
隱喻「踏花歸去馬蹄香」。

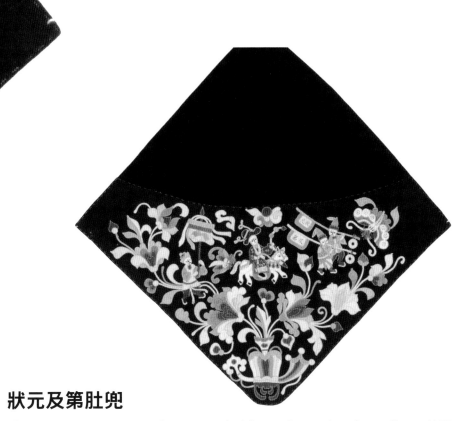

狀元及第肚兜

「狀元」制度始於唐代。《明史 · 選舉志》云：「一甲止三人，曰狀元、榜眼、
探花、賜進士及第。」「三元及第」為「解元」、「會元」、「狀元」連考
連中之謂。「金榜題名時」，為舊時儒生所求。一旦「狀元及第」，「騎馬
遊街三日」，好不威風。民間對此，並不人皆幻想。然紅袍白馬倒也喜氣洋
洋，故以「狀元騎馬」祝吉。

蜃中樓肚兜

高平秧歌《蜃中樓》是根據清代李漁同名傳奇改編。李漁原作是元雜劇小說《柳毅傳書》、《張羽煮海》連綴而成。

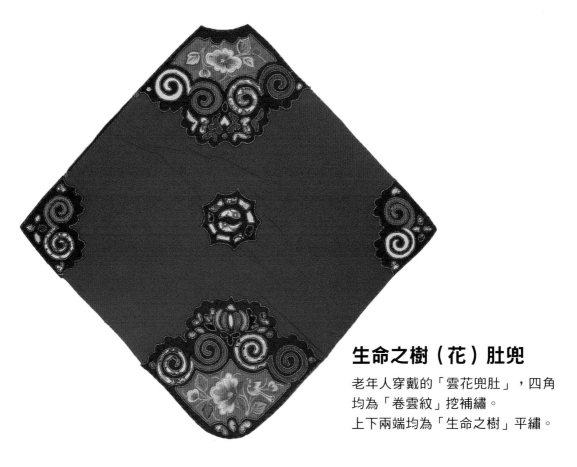

生命之樹（花）肚兜

老年人穿戴的「雲花兜肚」，四角
均為「卷雲紋」挖補繡。
上下兩端均為「生命之樹」平繡。

天下太平肚兜

老年人穿戴的「雲花兜肚」，左右
與下方均為「卷雲紋」挖補繡。
上下兩端均為「生命之樹」平繡。

中和天日正明肚兜

老年人穿戴的「雲花兜肚」，左右與下方均為「卷雲紋」挖補繡。
上端為「生命之樹」平繡。中央圓形為太陽，「和」字拆解於太
陽兩側。

「中和節」是一個源於中國的傳統節日，相傳為太陽真君的誕辰，
於每年農曆的二月初一。後來因為此日和二月初二的春社和龍抬
頭接近，有些習俗已經合併在春社和龍抬頭中。

「中和節」是唐代唐德宗下詔定下的。這一天人們會做些好吃的
點心，買些時令的果子，稱之為「迎富貴果子」，一家人高興的
享用。此肚兜上端的「生命之樹」，結有一對壽桃。

辟邪虎童馬甲正面。　　　　　　　辟邪虎童馬甲背面。

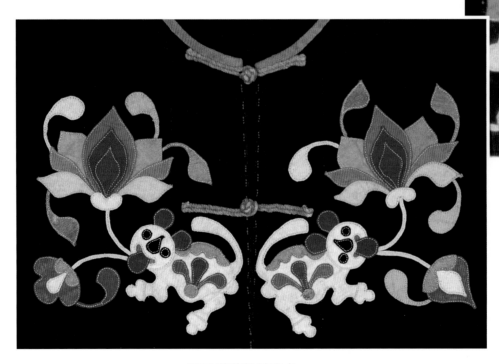

口吐蓮花的辟邪虎。

呂洞賓戲白牡丹

1. 水瓶生命之花。
2. 「瓶」與「平」諧音，與「如意」結合，
   表平安如意。
3. 呂、白兩人身前的南（男）瓜與蓮花，
   分別象徵「男陽」與「女陰」；兩人腳
   踏祥雲，暗示兩人均為仙類。
4. 上方橫幅為梅（媒）花鹿。

━ 梅花鹿　　━ 蓮花　　━ 如意

━ 南瓜　　━ 水瓶生命之花

二、貴州省・黔西縣（苗族）貼花/挖補繡

■ 主要用途：「裙背花」與「揹兒帶」。

■ 主要文化內涵

1. 太陽崇拜。
2. 鳳鳥崇拜。
3. 太陽鳥崇拜。
4. 龍護寶。
5. 遊龍戲鳳。
6. 卷雲紋與龍鳳的巧妙融合。

以上圖紋中出現最多的是太陽鳥崇拜（雙鳥朝陽、三鳥繞日、四鳥繞日、鳥穿太陽花），現將中國古史中的「太陽鳥崇拜」簡列於下：

(1) 浙江・餘姚・河姆渡文化
   A. 時間：新石器時代
      （距今約7000~5000年）。
   B. 代表物：雙鳥朝陽牙雕/雙鳥負日骨雕。

(2) 安徽・含山・淩家灘村遺址
   A. 時間：新石器時代
      （距今約5500~5300年）。
   B. 代表物：太陽紋玉鷹。

(3) 浙江・餘杭・良渚文化
   A. 時間：新石器時代
      （距今約5300~4500年）。
   B. 代表物：太陽紋玉鳥。

(4) 四川・成都・金沙遺址

　　A.時間：商代晚期至春秋早期
　　（距今約3200~2650年）。

　　B.代表物：「四鳥繞日」圓環
　　形金箔/青銅「三鳥繞日」
　　有領璧形器。

(5) 漢代畫像石與畫像磚

　　A.時間：西元前206—西元
　　220年。

　　B.代表圖像：金烏負日。

▌製作技巧

1. 裙背花
(1) 貼花。
(2) 貼花與挖補繡的結合。

2. 揹兒帶
(1) 貼花。
(2) 挖補繡。
(3) 貼花與挖補繡的結合。

裙背花

貴州黔西縣苗族婦女盛裝背面。
（攝影：卓欣穎）

1. 裙背花

(1)貼花（用纏針鑲邊）
所有貼花主紋的外輪廓都是用白色絲線在白色繡花紙樣上進行「纏針鑲邊」，
與底色呈強烈對比。

尚未完成的裙背花（以「剪紙」為繡花紙樣）。

對鳥太陽樹（花）裙背花

雙鳥朝陽裙背花

鳥身與卷雲紋融合。

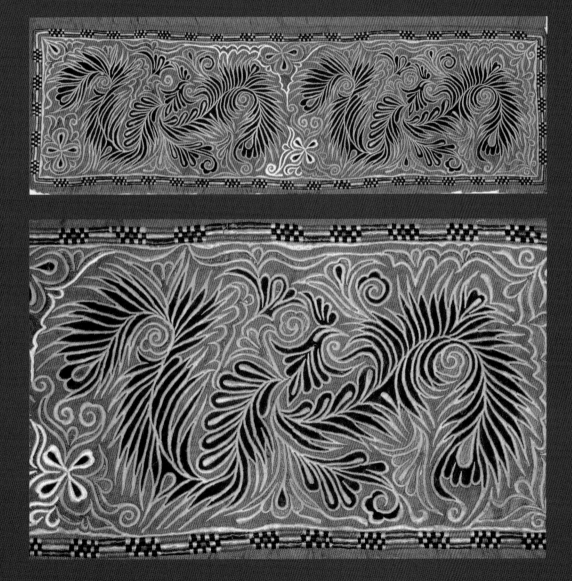

鳳舞紋裙背花

有如水袖的雙翅與卷雲紋融合。

對鳳紋裙背花

鳳尾與卷雲紋的完美融合。

太陽神鳥裙背花

中央為飛鳥，兩側團花為太陽紋的變形。

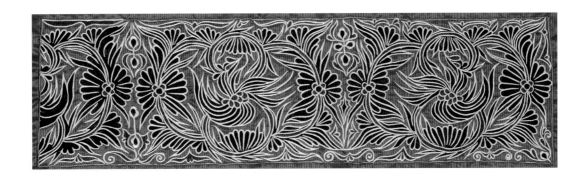

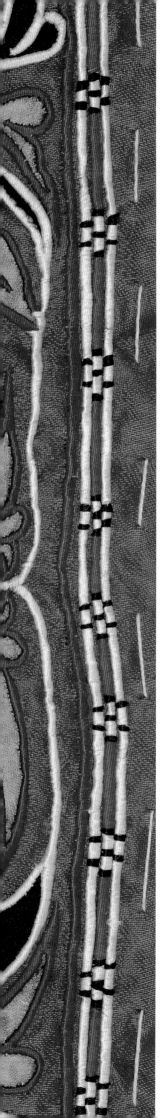

遊龍戲鳳裙背花

無首蜈蚣龍與五隻鳳鳥的「S」形環繞，
極富韻律感。

對鳳太陽樹（花）裙背花

鳳尾與卷雲紋及花朵的完美融合。

「盤龍護寶」與「四鳥繞日」裙背花

龍身四個圓形「卍字太陽紋」的寶即「龍卵」。

蜈蚣龍護寶裙背花

龍身的三個圓形「八瓣太陽花」
即「宇宙卵」。

奇異詭譎的龍首，巧思令人佩服。
蜈蚣龍的百足以卷雲紋構圖，且龍身的五條曲線又加
繡了桃紅與紫色的裝飾短線，可使圖案更生動活潑。

(2)貼花（用纏針鑲邊）與挖補繡（用馬尾毛釘線繡密實鑲邊）的結合

龍為「貼花」技法，背景為尚未鑲邊的「挖補繡」技法。
白色線條大部分為尚未纏針鑲白邊的剪紙。

鳥穿太陽花裙背花

鳥為「貼花」技法，外繞卷雲紋為「挖補繡」技法。

揹著孩子的貴州省黔西縣苗族婦女

（攝影：卓欣穎）

2.揹兒帶

(1)貼花（用纏針鑲邊）

鳥的雙足以卷雲紋誇張構圖。

太陽神鳥揹兒帶

上半部為兩組「四鳥繞日」，下半部為「三鳥繞日」。

太陽神鳥揹兒帶

(上半部為兩組「四日繞鳥」，下半部為「三鳥繞日」)

先民認為「太陽」是憑藉鳥的飛翔神力，由東向西飛行，所以鳥就是太陽的象徵，
又稱「太陽鳥」。此件揹兒帶極富研究價值，鳥與太陽的位置可以互換，且太陽也
可長雙翅或鳥尾。請參考前一件揹兒帶鳥與太陽的相對位置，甚為有趣。

兩組「四日繞鳥」。

三鳥繞日

「四魚戲珠」與「雙鳥朝陽」揹兒帶

鳳鳥與太陽花結合。

四魚戲珠。

「雙魚戲珠」與「鳳鳥」揹兒帶

雙魚戲珠。

雙龍戲珠揹兒帶

雙龍戲珠。

(2)挖補繡（用馬尾毛釘線繡密實鑲邊）

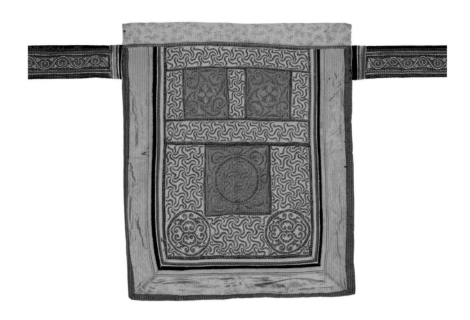

太陽紋揹兒帶

以黑色馬尾毛為芯線，將芯線固定在上層（黃色布）挖
補圖案的邊緣，再用藍或綠色絲線環繞馬尾毛，密實的
釘縫鑲邊，費工費時，難度極高。

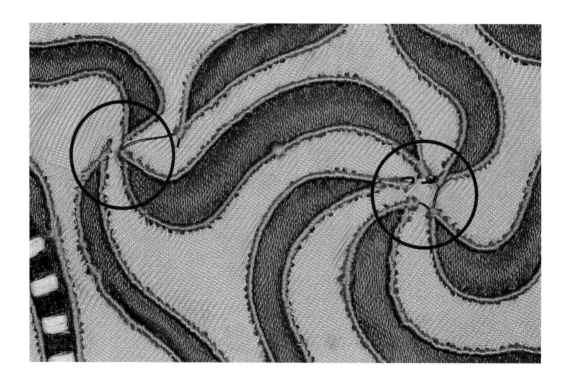

太陽紋揹兒帶（局部）

太陽紋揹兒帶

上半部由 15 個方形太陽紋組合而成，其中
有 9 個為「卍」字太陽紋或其變形，下半部
還有三個圓形「壽」字太陽紋。

(3)貼花（用纏針鑲邊）與挖補繡（用馬尾毛釘線繡密實鑲邊）的結合

「太陽紋」與「四魚戲珠」揹兒帶

「四魚戲珠」的兩魚之間均為「卍字太陽紋」，整件揹兒帶
共計 25 個「卍字太陽紋」。
魚和珠以及 6 個貫錢紋為「貼花」，其餘均為「挖補繡」。

揹兒帶頂端綴有一對鳥形吊飾，下垂玻璃串珠與流蘇。

「四鳥繞鳥」的兩鳥之間均為「卍字太陽紋」。

「四鳥繞日」與「太陽花」揹兒帶

上半部為兩組「四鳥繞鳥」，下半部為「卍字太陽紋」與三朵「太陽花」。

帶有白色的曲線圖為「貼花」，其餘背景均為「挖補繡」。

三、雲南省‧文山州 (壯族)：貼花/拼接/挖補繡/堆繡

■ 主要用途：「揹兒帶」與「圍涎」。

■ 主要文化內涵

1. 花圖騰信仰。
2. 姆六甲神話。
3. 花婆神話。
4. 蛙崇拜。

■ 製作技巧

1. 貼花。
2. 拼接。
3. 貼花與拼接。
4. 貼花與挖補繡。
5. 貼花與堆繡。
6. 拼接與挖補繡。
7. 貼花、拼接與堆繡 。

以上所有的揹兒帶「拼接」均為「立體曲線拼接」技法。

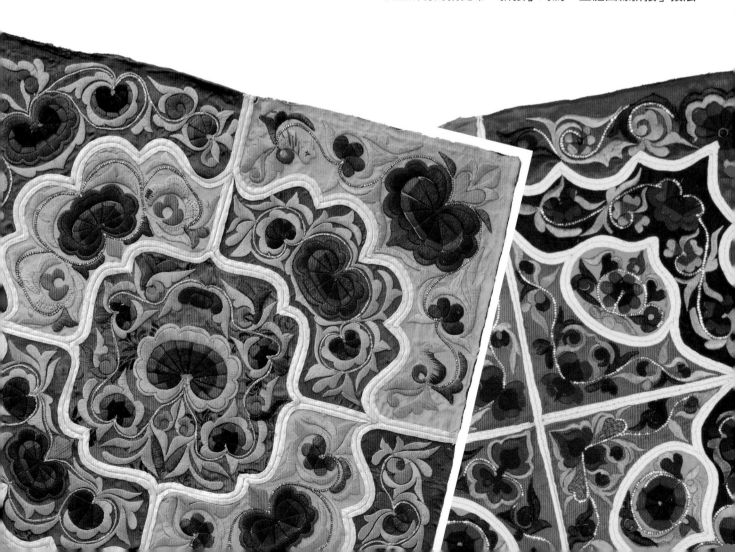

(一)主要文化內涵

1. 花圖騰信仰

「花」常被人們用來形容女子的美麗，花開後會結果所以是植物的「生殖器官」，與人類生兒育女具有同樣的功能與內涵，且在外形上相似。原始先民由對女陰的生殖崇拜，轉而變為對女陰象徵物花卉的崇拜，繼而發展出對「花」的女性化神的崇拜，因而誕生了「姆六甲」神話與「花婆」神話。

壯族《巫經》有云：「凡兒出生，精魂蒂結於花樹之間，花之花瘁，花婆主之。」壯族稱處於青春萌發狀態的女性或雌性動物為「花」，也叫受孕的女性和雌性動物為「得花」。他們將「花」視為人的生命之源，人的靈魂就是「花魂」，因而壯族人民特別崇拜花朵。屈原《九歌》最後的〈禮魂〉一章，內容就是「傳芭兮代舞」，迎奉花魂。

壯人的一生可以說是「花」的一生，出生是「花婆」送花來，結婚是兩朵花栽在一起，生病是花生蟲或花缺肥，有幾個孩子就是開了幾朵花，去世是「花婆」把花收回，多浪漫的一生啊！

壯族古老的「花」圖騰信仰，是以花為「性」象徵的的隱喻方式，對後來壯族民間文學藝術的表現手法具有重要的影響。如民歌中，大量以花草樹木比興的情歌對唱，有很多都是隱喻男女的情愛與性愛。

2. 姆六甲神話

當人類還在混沌的時代，宇宙間只有一團由大氣結成的東西，由屎殼郎來推動。後來飛來一隻裸蜂，這裸蜂有鋼一樣的利齒，把這一團東西咬破了，出現三個蛋黃一樣的東西，一個飛向上天，成為天空；一個飛到下邊，成為水（海洋），在中間的就是大地。

荒漠的大地後來長出了草，從草叢中開出了一朵花，花裡生出一位披頭散髮赤身裸體的女人，她就是人類的始祖母神姆六甲。她具有神力，天空破漏了，她抓把棉花去補天，棉花就變為白雲，她發現地大天小，天蓋不住大地，便用針線把大地邊緣縫綴起來，然後手拉線頭，大地就縮小了；天雖能蓋得住大地，但大地卻起了很多皺折，凸起來的變成了山嶺，凹下去的變成了江河湖海。

姆六甲受風而孕，撒了一泡尿，潤濕了泥土，她拿起泥土按照自己捏成人形，然後就有了人類，但卻分不出性別。後來姆六甲到山上去採集辣椒和楊桃，擲在地上，這些泥人都來搶；搶得辣椒的變男人，搶得楊桃的變女人；所以現在壯族民間還是以辣椒和楊桃隱喻男女生殖器。姆六甲的生殖器很大，像個大岩洞；當風雨一來，各種動物就躲進裡面去。她還給人類造出月亮和田地，摘星來做燈……。

3. 花婆神話

花婆也稱「花王神」或「花王聖母」，傳說她有一座大花園，園中開滿了各種鮮花，每一朵鮮花象徵一個生命，人們都是從花婆的花園轉到世上來的，女的是紅花，男的是白花，孩子病了就是花生蟲或缺肥，要祈請花婆澆水除蟲才得以健康成長，人死後又回到花婆的花園中還原為花朵。所以各地壯族家庭都供奉有「花婆」神位，香爐上插家中孩子的「花」（由麼公、巫婆用色紙紮成），象徵孩子的靈魂，有幾個小孩就有幾朵花，希望花婆保佑家中孩子的靈魂，護佑孩子健康成長。

沒有生育的婦女，在花王神生日時，都到野外採花來戴。到婦女懷孕時，怕小孩出生沒有靈魂，就要請師公到野外求花，還要在路邊小溝做「架橋」儀式，把花從橋上接過來。生下小孩就請巫婆到野外去請花，摘一把野花放到母親的床頭來安花王神位。到孩子長大懂事，每月初一與十五都要對花王神位跪拜作揖，以保佑小孩健康。直到這小孩長大結婚，母親的床頭神位才能拆除。花婆若將一株白花和一株紅花栽在一起，人間男子和女子便結成夫妻。

4. 蛙崇拜

蛙，在壯族地區稱「螞拐」，蛙的圖案出現得最多的是揹小孩子的揹兒帶。傳統揹兒帶是由女方家庭的母親縫製，作為陪嫁品送給出嫁的女兒，寄託了早生貴子、孩子平安的美好祈願。

每當春夏之交，人們常可在近水邊的草叢或池塘中，看到進入生殖期的雄蛙趴在雌蛙的背上，並用前肢緊緊地抱住雌蛙，這種現象稱為「抱對」，是雄蛙排精雌蛙產卵的體外受精行為。一般而言雄蛙身體稍小，前肢的拇指基部，有棕黑色的隆腫突起，稱為婚瘤，為抱對之用。蛙是多子的動物，雌雄抱對，象徵著生命的繁衍。在壯族神話中就把蛙說成是雨水之神雷王派到人間來的使者，或將青蛙當做「雷王的兒子」，當蛙鳴叫時就是向雷王發出降雨的信號。

在文山州出土的銅鼓上也發現了大量的蛙圖案，在人們的心目中銅鼓是有靈魂的，在家中用稻穀養銅鼓以增加其靈性。壯族先民創製的銅鼓，最初是作為炊具之用，以後逐漸擴展到以鼓娛神，以鼓祈雨，以鼓聚眾，以鼓號令軍陣，以鼓節奏歌舞，以鼓作為權力與財富的象徵。民間的俗語說得更好：「銅鼓不響，莊稼不長」。

銅鼓的鼓面上常有立體青蛙的環繞裝飾，有單隻的也有疊踞的，疊踞的青蛙為上小下大的「抱對蛙」。用青蛙裝飾銅鼓的主因為南方民族以農業為主，青蛙被視為能帶來風調雨順的吉祥物；而且鼓面中心裝飾的是太陽紋（陽），青蛙則代表月亮（陰），同時青蛙繁殖力強，體現了古人對「子孫繁衍」的祈望。

蛙紋的造型經過歷史的衍化，被大量地繡在揹兒帶上，成為壯族的無字史書。揹兒帶上的蛙紋有多種表現方式，有單隻的、成對的、四隻環繞的，其組成原素均為卷雲紋或其變形，最常見的揹兒帶蛙紋是由兩組「六個卷雲紋」疊合而成的「雌雄抱對蛙」和「四蛙繞日紋」，以及各種變化無窮的「變形蛙紋」。

(二)製作技巧

1. 貼花

花鳥蝶魚生命之樹揹帶心

貼花（鋪棉）。

鳥魚生命之樹（花）揹帶心

在民間美術中，沒有空間的制約，同幅
畫面魚可在上，鳥可在下。
貼花 (鋪棉)。

在生命之花的下方，有兩對黑白相配的陰陽鳥，寓意生命的繁衍。

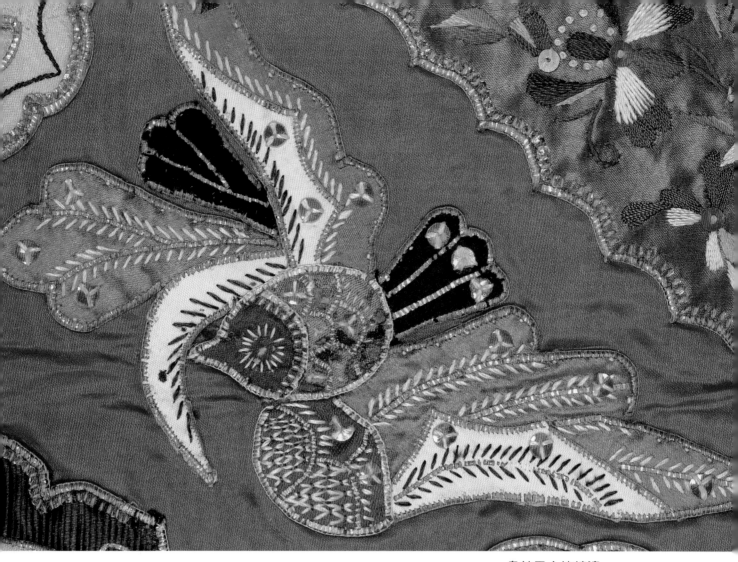

鳥紋用金箔鑲邊。

四鳥繞日揹兒帶

四鳥用上書「和、平、萬、歲」
的四個八瓣太陽鏡分隔。

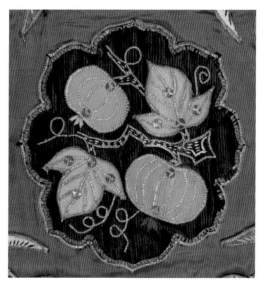

八瓣太陽花，內飾金瓜生命樹。

鳥蝶生命之樹（花）揹兒帶

貼花均用銀箔鑲邊。

2. 拼接（立體曲線拼接）

「立體曲線拼接」技法有別於一般的平面直線拼接，難度極高，要拼接得天衣無縫，壯族婦女有其獨特訣竅。

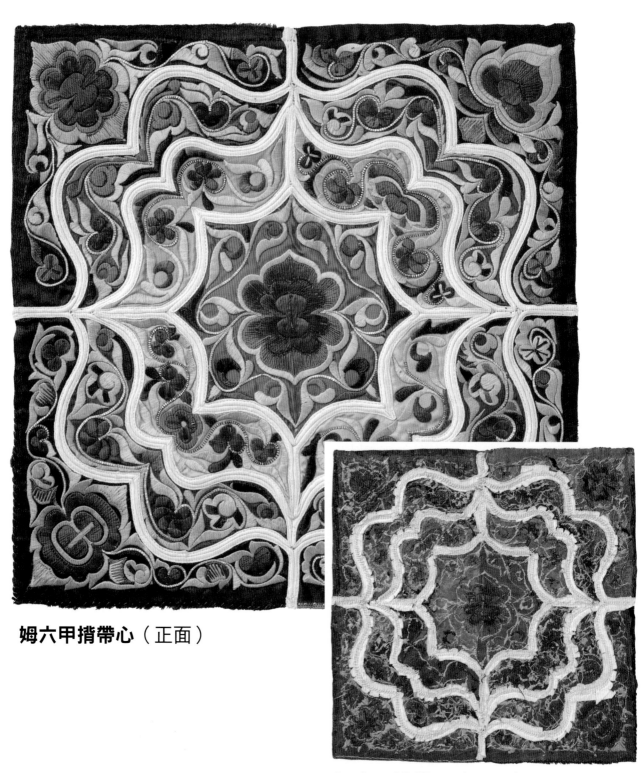

姆六甲揹帶心（正面）

姆六甲揹帶心（反面）

揹帶心怒放的大花朵,是
壯族創世女神「姆六甲」
的象徵。

姆六甲揹兒帶

揹兒帶中央怒放的大花朵，
是壯族創世女神「姆六甲」
的象徵。

3. 貼花與拼接

雌雄抱對蛙揹兒帶

由兩組「六個卷雲紋」疊合而成的雌雄
抱對蛙，中央小者為雄蛙，其外大者為
雌蛙。神蛙除了四肢，還會口吐雙鬚，
故用 6 個卷雲紋組成。

中央小者為雄蛙，頭部藍臉紅眼獸面紋為「雷王」，
相傳青蛙是雷王的兒子，下方兩個貫錢紋為蛙卵。

「四蛙繞日」與文山州出土銅鼓上的群蛙繞日有異曲同工之妙。

四蛙繞日揹兒帶

上半部為四隻變形的青蛙環繞太陽花,這與壯族「銅鼓紋」有異曲同工之妙;下半部為水瓶生命之樹(花)與飛鳥、對兔、對魚。

變形蛙紋揹兒帶

上為「抱對蛙」；
下為「蛙紋」。

變形蛙紋揹兒帶

白色輪廓為變形蛙紋，
蛙首朝下。

姆六甲揹兒帶

揹兒帶中央怒放的大花朵,是壯族
創世女神「姆六甲」的象徵,花朵
內以許多小圓點金箔裝飾,四角還
有對蝶與對花。

四鳥繞日揹兒帶

貼花（鋪棉）。共用 17 塊繡片立體曲線拼接而成。

蝶戀花圍涎

瓜瓞綿綿對鳥圍涎

4. 貼花與挖補繡

蝶戀花揹帶心

運用卷雲紋構圖的四蝶與花，先用挖補繡技法完成後，再貼花於底布，
同時陪襯紅綠色系布塊，最後再用辮帶鑲邊。

5. 貼花與堆繡

蝶戀花揹兒帶

揹兒帶主體的下半部為繡球紋貼花，中
間橫幅為幾何紋堆繡。

用兩個對稱的三角形組成的立體小方格，配合色彩的變化，
四方連續組合出千變萬化的幾何紋。

蝶戀花揹兒帶

揹兒帶主體的下半部為貼花，
中間橫幅為堆繡。

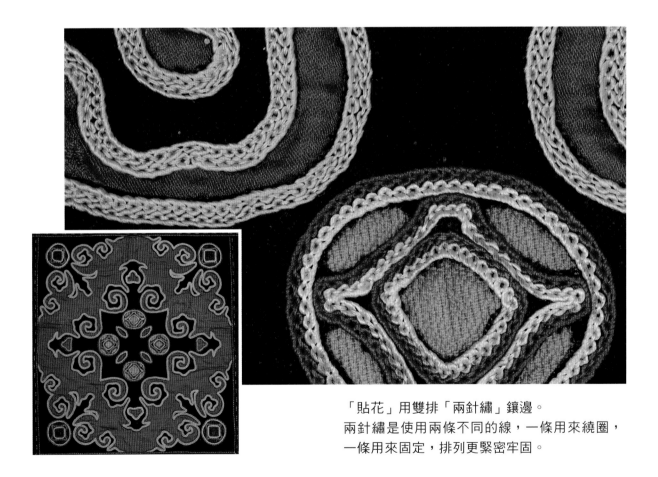

「貼花」用雙排「兩針繡」鑲邊。
兩針繡是使用兩條不同的線，一條用來繞圈，
一條用來固定，排列更緊密牢固。

生命之樹（花）揹兒帶

貼花（鋪棉）

揹兒帶中間為貼花，兩側為三角形堆繡。

「貼花」以金銀箔鑲邊。

6. 拼接與挖補繡

造型多變的「挖補繡」與「刺繡」用「立體曲線拼接」技法，可組合成千變萬化的「萬花筒」效果。挖補繡均用手染黑色亮布為材料，輪廓以銀箔鑲邊，襯底用淺素色布料，對比明顯，色彩沉穩有如低音；刺繡則用多彩絲線，色彩豔麗有如高音。兩種明暗有別的視覺符號可隨意組合交替呈現，配合粗細曲線的律動，可譜出優美的旋律與和諧之美。

四層拼接的萬花筒，挖補繡與刺繡間隔出現，用 13 塊繡片組合。

此件揹帶心由內向外的結構為：太極→四象→八卦→四象。四層拼接的萬花筒，
內三層均為挖補繡，最外層為刺繡，共用 17 塊繡片組合。

三層拼接的萬花筒，內外兩層為挖補繡，中間為刺繡。

7. 貼花、拼接與堆繡

對鳥生命之樹（花）
揹兒帶

揹兒帶主體的上半部為拼接，下半部為貼花，兩側為三角形堆繡。

四魚戲珠揹兒帶

揹兒帶主體的中間為拼接與貼花，
頂端橫幅為菱形堆繡。

莊玥老師的

「傳承」與「創新」
——傳統經典 · 風華再現

本單元均為莊玥老師的全手縫實驗作品，圖片均由其拍攝。所參照的線描稿均出自《百衲被—廣西壯族拼布藝術》與《拼布被—西南少數民族拼布》兩本拼布教材中的壯族貼花，九宮格作品內每小格的原製作尺寸約23公分見方，正好一隻手掌可以操作自如。

此作品的深褐色外框為侗族手織土布。

「龍生九子」壁飾

造型奇特多變的九龍，有異於漢族傳統相對單調的龍，龍鬚都是用辮帶盤繞，有單色
和雙色兩種表現方式，韻律感極強，可營造整幅畫面的視覺統一與和諧。

作品由上至下有三種表現手法：
上層（麻花龍），「麻花辮」技法可使龍身呈現立體效果與多重韻律感。
中層（花瓣龍），打散重組的卷曲形花瓣龍身，可讓整幅作品生動活潑。
下層（三節龍），口吐雙色龍鬚的節狀龍，不但有龍鬚的韻律感還有龍身的節奏感。

麻花龍

「龍生九子」九宮格右上角。凸出的黃色龍骨是用苗族的「縐繡」技法，可使龍骨呈現立體感；三色龍身是用莊老師自創的「麻花辮」技法，可使龍身呈現立體效果與多重韻律感；兩種技法的材料均為辮帶。

「縐繡」：先在龍骨的起始端固定辮帶，再用針將辮帶挑出一個凸起如波浪般，順著龍骨重複波浪，同時配合同色絲線將辮帶依序推擠固定，延伸至龍尾即成。

「麻花辮」：依據圖案的需要，決定使用辮帶的數量，此幅作品用三條辮帶交錯纏繞至所需長度，再將此麻花辮順著龍身左右盤繞即成。

三節龍

「龍生九子」九宮格右下角。凸出的黃色龍骨是用侗族的「左右交叉繞圈排列繡」技法，可使龍身呈現浮雕與韻律感，材料為釘線。

「左右交叉繞圈排列繡」：用較粗的黃色釘線左右交叉繞圈，順著龍骨成串排列，同時調整龍骨的粗細變化，藍色絲線則同步固定龍骨兩側的黃色釘線，最後以尖角收尾，粗細勻稱的龍骨，神乎其技。

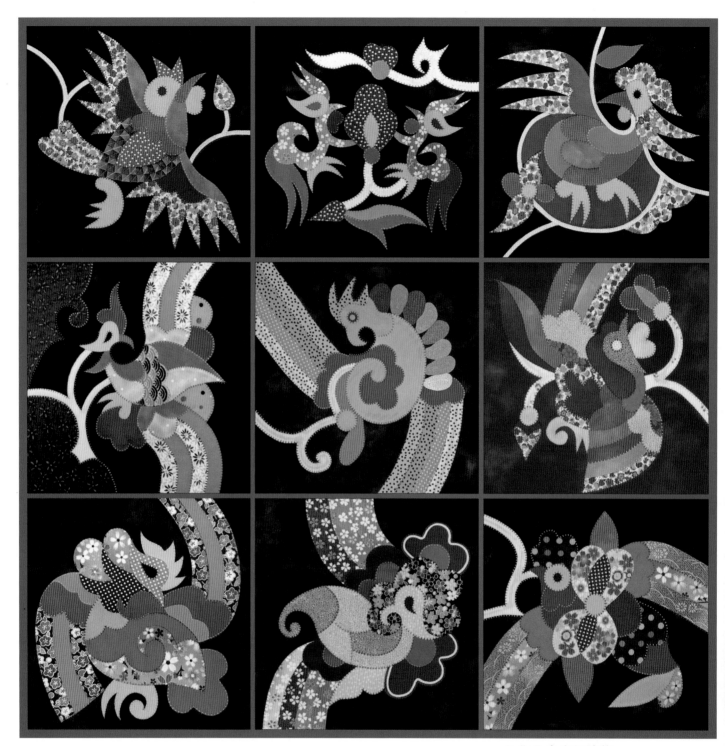

此作品尚未加邊條。

「九鳳來儀」壁飾

九鳳的造型各有特色，尤其是舒展的雙翅，如行雲流水，飛動飄逸，
充份的展現了「布」的本質。上、中、下三層的構圖方式也各有千秋，
鳳身構圖飽滿，相鄰色塊多且集中，配色難度較高。

卷雲鳥

「九鳳來儀」九宮格正中央。鳥背八片羽毛是用苗族的「辮繡」技法填色，可使鳥羽呈現立體迴圈的質感，材料為辮帶。

「辮繡」：先在橢圓形鳥羽的邊緣底端固定辮帶的起始端，然後平置辮帶並將辮帶由外向內盤繞，同時配合同色絲線固定，填滿橢圓形鳥羽，逐片填滿即成。

飛鳥紋

「九鳳來儀」九宮格左上角。鳥身外輪廓是用苗族的「雙層堆繡」技法，可使鳥羽產生立體層次及擴張效果，材料為薄如蟬翼的絲綢。此幅完整作品共有尖角 21 處，雖未使用「出神入化貼花」技法，但所有尖角的轉折處理技藝高超，令人激賞。

「雙層堆繡」：用兩組上過漿的雙層絲綢（深藍配桃紅／淺藍配黃色），依據所需尺寸裁剪後折疊成 0.6 公分的小方塊，順著鳥身的外輪廓排列內外兩層，邊排邊用同色絲線固定。

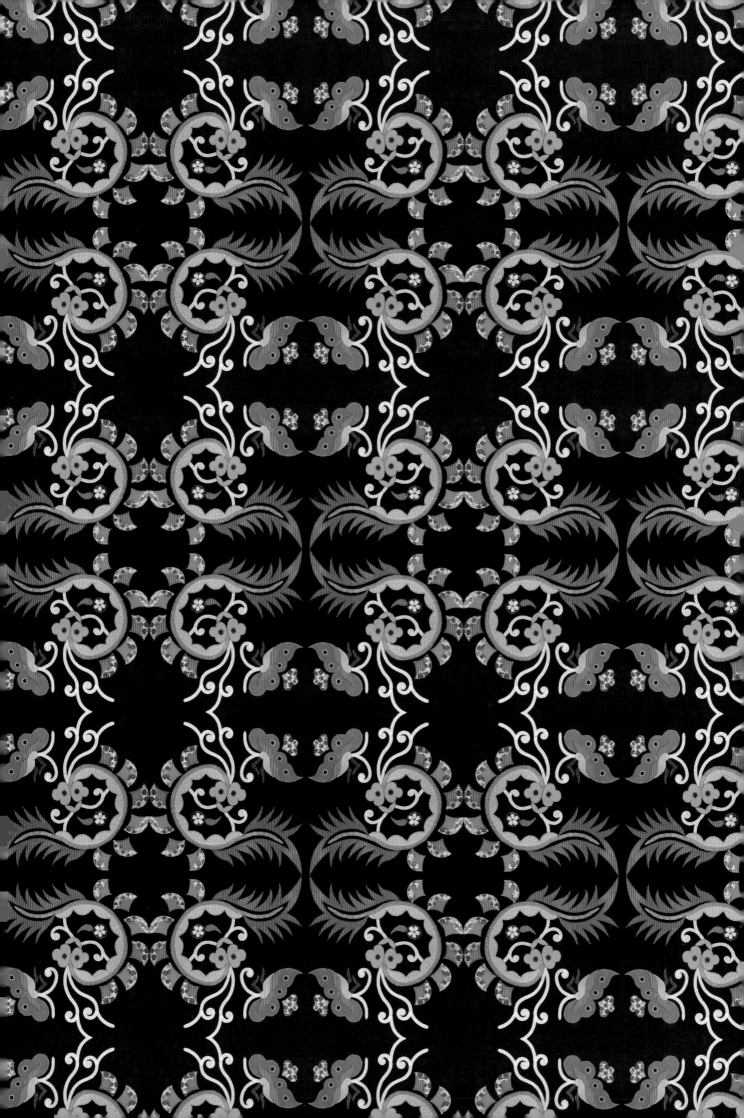

參考文獻

葉立誠《服飾穿著也是做人的一種修練》臺北・實踐大學，2018

靳之林《生命之樹》，北京・中國社會科學出版社，1994

徐雯《中國雲紋裝飾》，南寧・廣西美術出版社，2000

林河《中國巫儺史》，廣州・花城出版社，2001

鄒正中《百衲被─廣西壯族拼布藝術》臺北・鄒正中，2018

鄒正中、莊玥《拼布被─西南少數民族拼布》臺北・鄒正中，2019

丁佩《繡譜》，姜昳編著，北京：中華書局，2012

沈壽《雪宧繡譜》，張謇整理，耿紀朋譯注，重慶：重慶出版社，2010

丘振聲《壯族圖騰考》，南寧：廣西教育出版社，1996

廖明君《生殖崇拜的文化解讀》，南寧：廣西人民出版社，2006

《中國各民族宗教與神話大詞典》編審委員會，北京・學苑出版社，1990

彭云http：//cdmd.cnki.com.cn/Article/CDMD-10542-1011168894.htm

覃守達 http：//www.xzbu.com/1/view-246787.htm

http：//www.sohu.com/a/245312253_681028

http：//www.360doc.cn/mip/456073911.html

http：//www.21wulin.com/wulin/taiji/taijililun/6012.html

http：//www.360doc.cn/article/7593597_265896142.html

https：//new.qq.com/omn/20180726/20180726A0LWKZ.html

http：//collection.sina.com.cn/plfx/20150316/1009182161.shtml

http：//ap6.pccu.edu.tw/Encyclopedia/data.asp?id=8868

蝶喜龍

「龍生九子」九宮格正中央。

任何一幅中式風格拼布的作品圖像經過適當裁邊後，均可
用多重四方連續之法無限擴展，相鄰圖像之間，會因邊際
效應產生對稱共鳴，幻化為「萬花譜」的視覺饗宴。

作者簡介

鄒正中

1988 開始收藏「中華民間美術」織、繡、印、染、剪紙、皮影、年畫⋯⋯約一萬五千件。

2003 榮獲中國工藝美術學會頒發「弘揚中華優秀傳統文化藝術突出貢獻獎」。

2005 浙江衛視播出專題記錄片《圖騰帝國創造者》。

2012 臺灣臺北・時空藝術會場「中國魯錦織物展」。

2014 臺灣臺北・時空藝術會場「生命樹與太陽花展」。

2015 臺灣臺北・時空藝術會場「中華傳統拼布經典展」。

2017 實踐大學服裝設計學系105學年度學士論文決賽評審。

2017 浙江 第三屆 中國國際拼布學術研討會 演講嘉賓。

2018 實踐大學服裝設計學系106學年度學士論文初賽與決賽評審。

2018 出版《百衲被—廣西壯族拼布藝術》。

2018 上海「第十屆亞洲拼布及編織節」參展。

2018 臺灣臺北「臺灣國際拼布友好會」手作市集。

2018 臺灣臺北・迪化街「稻地織味」拼布盛裝走秀。

2019 實踐大學服裝設計學系107學年度學士論文初賽與決賽評審。

2019 出版《拼布被—西南少數民族拼布》。

2019 浙江 第五屆 中國國際拼布學術研討會 演講嘉賓。

2020 實踐大學服裝設計學系108學年度學士論文初賽與決賽評審。

2020 浙江省拼布學會《拼布藝術》編輯委員。

2020 實踐大學「中華拼布學苑」召集人。

【中華民間美術】講座經歷

臺灣講座：

時空藝術會場・實踐大學・輔仁大學・國立屏東科技大學・
鳳甲美術館・《TAAZE | 讀冊生活》。

大陸講座：

浙江理工大學・山東工藝美術學院・河北師範大學・溫州大學。

莊玥

1963 出生於臺灣臺北市，本名莊坤燁。

1984 畢業於銘傳商專商業設計科（任職印刷設計公司28年）。

2011 因為對手工藝和色彩深感興趣，開始習作刺繡。

2015 設立合合客製商品彩印公司。

2018《百衲被—廣西壯族拼布藝術》教材，擔任電腦繪圖。

2018 在「百衲被相約團」開啟拼布藝術創作。

2018 參與臺灣臺北·迪化街「稻地織味」拼布盛裝貼花製作。

2019 出版《拼布被—西南少數民族拼布》。

歡迎有志於「中華拼布學苑」種子師資的朋友
請與我們連繫。

加 LINE 好友

加微信好友

國家圖書館出版品預行編目（CIP）資料

中華傳統拼布經典 = Chinese traditional patchwork
　　classic / 鄒正中，莊玥著 . -- 第一版 . -- 新北
　　市：商鼎數位，2020.09

　　面；　公分
ISBN 978-986-144-185-6 (精裝)

1. 拼布藝術　2. 民族文化　3. 中國

　　426.7　　　　　　　　　　　109012149

中華傳統拼布經典

作　　者	鄒正中‧莊玥
攝　　影	鄒正中

發 行 人	王秋鴻
出 版 者	商鼎數位出版有限公司
	地址／235 新北市中和區中山路三段136巷10弄17號
	電話／(02)2228-9070　傳真／(02)2228-9076
	郵撥／第50140536號　商鼎數位出版有限公司
	商鼎文化廣場：http://www.scbooks.com.tw/scbook/Default.aspx
	千華網路書店：http://www.chienhua.com.tw/bookstore
	網路客服信箱：chienhua@chienhua.com.tw

編輯經理	甯開遠
執行編輯	尤家瑋
封面設計	李欣潔
內文編排	商鼎數位出版有限公司

出版日期	2020年9月15日　第一版／第一刷

版權所有 翻印必究

※本書如有缺頁、破損、裝訂錯誤，請寄回本公司更換※